# 喝瘦：
## 越喝越瘦的
## 神奇蔬果汁

曹军 孙平 主编

U0331868

江苏凤凰科学技术出版社　凤凰含章

**图书在版编目（CIP）数据**

喝瘦：越喝越瘦的神奇蔬果汁 / 曹军，孙平主编
. -- 南京：江苏凤凰科学技术出版社，2015.8
　　ISBN 978-7-5537-4925-9

　　Ⅰ. ①喝… Ⅱ. ①曹… ②孙… Ⅲ. ①蔬菜 - 饮料 -
制作②果汁饮料 - 制作 Ⅳ. ① TS275.5

中国版本图书馆 CIP 数据核字 (2015) 第 148723 号

**喝瘦：越喝越瘦的神奇蔬果汁**

| | | |
|---|---|---|
| 主　　　编 | 曹　军　　孙　平 | |
| 责 任 编 辑 | 樊　明　　葛　昀 | |
| 责 任 监 制 | 曹叶平　　周雅婷 | |

| | |
|---|---|
| 出 版 发 行 | 凤凰出版传媒股份有限公司 |
| | 江苏凤凰科学技术出版社 |
| 出版社地址 | 南京市湖南路 1 号 A 楼，邮编：210009 |
| 出版社网址 | http://www.pspress.cn |
| 经　　　销 | 凤凰出版传媒股份有限公司 |
| 印　　　刷 | 北京旭丰源印刷技术有限公司 |

| | |
|---|---|
| 开　　　本 | 718mm × 1000mm　1/16 |
| 印　　　张 | 12.5 |
| 字　　　数 | 200千字 |
| 版　　　次 | 2015年8月第1版 |
| 印　　　次 | 2015年8月第1次印刷 |

| | |
|---|---|
| 标 准 书 号 | ISBN 978-7-5537-4925-9 |
| 定　　　价 | 29.80元 |

图书如有印装质量问题，可随时向我社出版科调换。

# 健康又瘦身的
## 神奇蔬果汁

　　减肥瘦身是爱美人士永远的目标和理想。然而，运动减肥见效缓慢并且难以坚持；节食减肥会给身体带来损害并且会反弹；药物减肥存在安全隐患；手术减肥成本又太高……本书为你带来的神奇蔬果汁，会让你越喝越瘦，带你开始健康减肥的新纪元。

　　每种蔬菜和水果都有各自独特的营养价值，有的富含人体必需的各种维生素；有的能为人体提供充足的矿物质；有的含有丰富的膳食纤维，能使人产生饱腹感并降低肠胃对油脂的吸收；有的则富含热量，能够替代主食提供人体所需的能量。但是，单一食用某一种蔬果，不仅味道欠佳，而且营养单调。

　　蔬果汁，就是用蔬菜和水果混搭榨汁而成的健康饮品。蔬果汁具有对人体有益的多重功效，减肥瘦身就是其中最重要的一项。尤为可贵的是，蔬果汁不仅可以让你的身体瘦下来，而且还能为你提供均衡的营养，不至造成身体的营养不良。

　　本书共介绍了280余种鲜榨蔬果汁的制作方法，均简单易懂，便于家庭制作。并从助消化、排宿便，清热利尿、排毒，加速燃烧脂肪，防止水肿，减少吸收这5个方面，带你逐步实现健康瘦身的理想。最后，我们还安排了一系列能够增强体质、提高免疫力的蔬果汁，不仅可以在你减肥瘦身的同时为你提供必要的营养物质，还具有一定的保健功效，能够防治一些慢性疾病和常见小毛病，可谓一举多得！

　　在繁忙的工作之余，为自己榨一杯蔬果汁舒缓压力；在闲暇的假日午后，为家人榨一杯蔬果汁表达爱意；只需几分钟，一杯营养丰富而又瘦身美容的蔬果汁就能产生，为你的生活带来鲜亮的色彩，让你的生命活色生香，有滋有味。

# Contents | 目录

## 01

### 助消化、排宿便，让身体轻盈又健康

## 02

### 清热利尿，
### 将排毒进行到底

**06**

# 增强体质，
# 瘦得健康又美丽

# 阅读导航

我们在此特别设计了阅读导航这个单元，对内文中各个部分的功能及特点逐一说明。衷心希望可以为读者在阅读本书时提供最大的帮助。

## 1 基础知识

关于本书主题的最基础知识，都浓缩在短短几个小节之中，通俗易懂，让你在阅读正文前做好知识储备，有利于快速掌握想要学习的内容。

### 标题与概述

清晰地标示出本小节的主题，并用简短明了的文字概括出本节想要传达的知识内容。

### 权威正文

合理的知识结构、权威的内容、深入浅出的文字表述方式，使你一看就懂、一学就会。

### 精彩画说

为了读者更好地理解所要学习的知识，本书特意插入了很多有趣的漫画，寓教于乐，学习一点也不乏味。

## 2 成品展示

介绍每一种推荐蔬果汁的原料、做法、功效解读，再配以成品绚丽的彩色照片，使你完全掌握蔬果汁的来龙去脉。

### 彩色照片

高分辨率、精心布景、色彩绚丽的蔬果汁图片，让你在直观学习制作蔬果汁的同时，更感受到生活的美。

### 贴心提示小表格

在每一款蔬果汁的图片下都会列举出制作本款产品时所需的时间和成本，我们力争做到更贴心。当然，由于人的动作有快慢、各地的物价有差异，数据难免会有出入，仅作参考。

# 3 重点展示

将某些蔬果汁作重点推荐，照片更大、说明更详细、链接知识更丰富。

### 更精美照片

选取更大、更清晰，布景更精美的照片展示此款蔬果汁。阅读感受更高级，视觉冲击力更强大。

### 文字描述

更多的文字描述，更详尽的功效解读，带来更多的知识、更多的健康，使读者喝得更放心、喝得更明白。

### 爱心贴士

选取本款蔬果汁中的一种原料做图文解说，爱心贴士、爱心知识链接。

苦瓜柳橙苹果汁

# 4 超值附录

在全书的最后部分，从本书中所有蔬果汁所涉及到的蔬果原料中选取重点，逐一做单品解读，与正文相得益彰，前后呼应，超值大放送。

注：内文中1小匙≈5毫升（液体），1小匙≈5克（固体）

# 人体肥胖的秘密

肥胖是现代人的普遍烦恼之一，更是健康和美丽的大敌。为了保持或恢复苗条的身形，我们就要知道肥胖的原因，只有这样，我们才能对症下药，最终达到目的。本节就为你揭开肥胖的秘密。

## 什么是肥胖？

一般意义上的肥胖是指单纯性肥胖，研究表明，这是一种由多种因素引起的慢性代谢性疾病，以体内脂肪细胞的体积和细胞数增加导致体脂占体重的百分比异常增高并在某些局部过多沉积脂肪为特点。单纯性肥胖患者全身脂肪分布比较均匀，没有内分泌紊乱现象，也无代谢障碍性疾病，其家族往往有肥胖病史。

还有一种继发性肥胖，主要是由内分泌代谢性疾病引起的。具体有以下原因：由于下丘脑病引起；垂体前叶功能减退；糖尿病早期、胰岛素瘤等引起胰岛素分泌过多；甲状腺功能减退症；肾上腺皮质功能亢进症；性腺功能减退症。

## 肥胖的标准

肥胖的定义在不断变化，目前最常用的测定是否肥胖的方法之一是看一个人的体重指数（BMI）。BMI的计算方法是：

$$BMI = 体重（kg）÷ 身高^2（m^2）$$

根据这个定义（成人标准）：
理想体重：男子BMI=24，女子BMI=22。
一般体重：BMI在18.5到24之间。
过重：BMI在24到27之间。
轻度肥胖：BMI在27到30之间。
中度肥胖：BMI在30到35之间。
重度肥胖：BMI在35以上。

## 肥胖的原因

继发性肥胖属于病态，所以在这里只简要阐述下单纯性肥胖的原因。单纯性肥胖也是由多种因素综合导致的，包括先天性的和后天性的。

❶ 遗传因素     ❷ 社会环境因素     ❸ 心理因素     ❹ 运动因素

❶ 一个人的体质，并不是由一个遗传因子，而是由多种遗传因子决定的，所以称为多因子遗传，而肥胖就属于这类遗传。父母中有一人肥胖，则子女有40%肥胖的机率；如果父母双方皆肥胖，那么子女肥胖的机率就会升高至70%～80%。

❷ 现代社会，食物种类繁多，各式各样的美食常在引诱你，大吃一顿几乎成了一种普遍的娱乐，这当然成为肥胖的主要原因。

❸ 为了解除心情上的烦恼、情绪上的不稳定，不少人也是用吃来作发泄的。所以，从根源上说，心理因素也是引起饮食过量而导致肥胖的原因。

❹ 在日常生活中，随着交通工具的发达、工作的机械化、家务量减轻等，导致人体消耗热量的机会减少，但摄取的能量却未减少，最终形成肥胖。肥胖会使日常活动越趋缓慢、慵懒，会再次减少热量的消耗，导致恶性循环，助长肥胖的发生。

# 蔬果汁的神奇功效

蔬果汁就是采用蔬菜和水果制成的饮品。虽然本书的主题是减肥瘦身，但蔬果汁的神奇功效却绝不仅限于此，下面我们就较为全面地介绍下蔬果汁的各种神奇功效。

## 促进发育，健康成长

蔬果汁中含有多种营养成分，被人体吸收之后能促进人体的生长发育，尤其适合儿童和青少年。如果让他们乖乖地吃下蔬菜和水果比较困难，就可以尝试榨汁给他们饮用。例如，西红柿就特别适合生长发育期的儿童食用，因为它除了含有膳食纤维，还含有丰富的番茄红素、维生素、有机酸和酶。这些营养元素对儿童的生长发育都是非常重要的。

## 消脂瘦身，远离肥胖

蔬果中含有丰富的膳食纤维，能吸收人体内的水分和无机物，促进肠道蠕动，缩短粪便在体内的停留时间。不仅能通利大便，还能让人产生饱腹感，避免摄入过多热量。而且，蔬果汁中的营养素未经人工合成，属于天然营养素，热量较低，能够帮助燃烧人体内多余的脂肪，具有一定的减肥功效。即使本身并不肥胖的人也可以多喝蔬果汁，有助于保持身形，远离肥胖。

## 美容养颜，改善气色

人体的血液多偏酸性，如果长期得不到保养，皮肤就会随着时间的推移变得松弛、老化、粗糙，体内的废弃物和毒素会长期积存，这样人会很快衰老。而蔬果汁含有丰富的膳食纤维，可调节人体血液的酸碱平衡，保护消化系统，促进新陈代谢。代谢功能增强后，促使积存的垃圾和毒素较快地随着粪便排出体外，这样皮肤自然细腻有光泽，气色红润，整个人都会神清气爽。比如，芒果富含膳食纤维，可以增强消化功能；柠檬富含维生素C，其是一种抗氧化剂，可使人体免受自由基的侵害。将这两种水果榨汁饮用，就可以促进肠胃蠕动，使体内毒素迅速排出体外。

## 舒缓压力，放松身心

现代社会竞争激烈，上班族面临着巨大的工作压力，蔬果汁中含有多种多样的维生素、矿物质，这些都能够调节神经系统的功能，增强人们的抗压和抗病能力，缓解人们由于紧张、压力过大而产生的抑郁、情绪低落、身体不适等身心病痛。例如芹菜汁，就能安定情绪、舒缓内心的焦虑和压力；夏天，多喝一点橙汁不仅能消暑止渴，也能起到舒缓疲劳的作用。

## 防治慢性病，延缓衰老

蔬果中含有丰富的膳食纤维，能够降低人体血液中的胆固醇，稳定并降低血糖量，防治心血管疾病。同时，还有不少蔬果含有抗氧化剂，能够抑制癌细胞的形成，防止胆固醇被氧化，可以在一定程度上对癌症起到预防的作用。如果将蔬果榨成汁，就可以更好地被人体吸收、利用，从而发挥各种蔬果的抗氧化作用。

# 蔬果的四性、五味及五色

蔬果的种类繁多，属性各异，初次涉及者难免眼花缭乱。本节就从中医的角度出发，将大量的蔬果按照四性、五味、五色的标准分类，然后对每种类别的蔬果具有的共性，进行简单地解说，以便读者从总体上对蔬果有一个大概的认识和掌握。

## 蔬果的四性

"四性"又被称为四气，即寒、凉、温、热。其中，寒性和凉性的蔬果具有一定的共性，温性和热性的蔬果具有一定的共性，它们的区别只是在作用大小方面有所不同而已。一般来说，寒凉性的蔬果具有清热降火、解暑除燥的功效，能消除或减轻人体热症，适合容易口渴、怕热、喜欢冷饮的人食用；温热性的蔬果具有温中补虚、消除或减轻寒症的功效，适合怕冷、手脚冰凉、喜热饮的人食用。此外，还有一些蔬果因其属性平和，而被称为平性，这种蔬果大多具有健脾、开胃和补益身体的作用。根据上面的表述，我们不难发现，所谓的四性，实际上是以吃完蔬果或者食物后人体的反应为标准来划分的。下面就对四性蔬果作一举例说明。

**①** 寒性：西瓜　　**②** 凉性：冬瓜　　**③** 温性：香菜　　**④** 热性：芒果

## 蔬果的五味

"五味"即辛、甘、酸、苦、咸，"五味"的作用在于"辛散、酸收、甘缓、苦坚、咸软"。中医认为五味入于胃，分走五脏，以对五脏进行滋养，使其功能正常发挥，不同的蔬果对脏腑的选择性迥异。具体说来，辛味蔬果对应肺脏、酸味蔬果对应肝脏、甜味蔬果对应脾脏、苦味蔬果对应心脏、咸味蔬果则对应肾脏。五味蔬果虽各有好处，但在食用时也要注意均衡，过食或偏食某一味，对人的身体都会造成负面影响，要依据不同体质来食用。如体质本属燥热的人辛味食得太多，便会发生咽喉痛、长暗疮等症状。

### ☺ 五味蔬果举例

**①** 辛味蔬果：葱、辣椒、洋葱、大蒜、白萝卜、香菜、生姜等。
**②** 甘味蔬果：山药、红薯、香蕉、草莓、梨、白菜、莲藕、冬瓜、菜花、椰子、荔枝等。
**③** 酸味蔬果：西红柿、山楂、石榴、乌梅、猕猴桃、橄榄、蓝莓、桑葚、葡萄柚、柠檬等。
**④** 苦味蔬果：苦瓜、芥蓝、芦荟、苦菜、蒲公英、莴笋叶、芹菜叶、莲子、菊花等。
**⑤** 咸味蔬果：海带、紫菜、香菇、海苔、黑木耳、海藻等。

## 蔬果的五色

中医认为，蔬果也分"五色"，即红、绿、黄、白、黑5种颜色。各种颜色的蔬果都有其独特的营养价值以及适宜人群。现代医学认为，蔬果富含多种维生素和矿物质，还含有多种有益于人体健康的营养素。由于这些营养素的类别、含量有差异，因而才会显现出多种多样的颜色。

红色蔬果包括苹果、胡萝卜、山楂、红薯、西红柿等，入心经。红色蔬果富含胡萝卜素、番茄红素、丹宁酸等营养物质，可以有效地保护细胞、增强抵抗力、缓解人体衰老，还能够促进人体血液循环，缓解抑郁、焦躁的心情，舒缓疲劳，使人心情放松、精神振奋、活力充沛。

绿色蔬果主要有黄瓜、苦瓜、猕猴桃、西蓝花等，入肝经。绿色蔬果富含植物纤维，可促进人体内消化液的形成，保护人体消化系统，促进肠胃蠕动，防治便秘。绿色蔬果还富含叶酸，能够调节人体新陈代谢，保护心脏健康。绿色蔬果中的类黄酮和铁，可以减轻氧化物对大脑的侵害，延缓大脑衰老。

黄色蔬果包括菠萝、杏、香蕉、南瓜等，入脾经。其含有丰富的维生素和矿物质，可以强化人体的消化与吸收功能，增强食欲，清理肠胃中的垃圾，保护肠胃，防治胃炎、胃溃疡等疾病。黄色蔬果富含的维生素C、胡萝卜素可以防止人体内的胆固醇被氧化，减少心血管疾病的发病率，还能降低糖尿病患者体内胰岛素的抗阻性，稳定血糖。

白色蔬果主要有百合、冬瓜、菜花、山药、梨等，入肺经。白色蔬果富含铜等微量元素，可以促进胶原蛋白的形成，强化血管与皮肤的弹性。白色蔬果还含有血清促进素，可以稳定情绪、消除烦躁、缓解疲乏、清热解毒、润肺化痰。

紫黑色蔬果主要有紫葡萄、蓝莓、茄子、紫甘蓝等，入肾经。紫黑色蔬果含有多种氨基酸和微量元素，能够减轻因动脉硬化使血管壁受到的损害。此外，还能防止肾虚，通利关节，可明显减少动脉硬化、肾病、冠心病、脑中风等疾病的发生概率。紫黑色蔬果中丰富的铁元素，可以有效增加血液中的含氧量，加速体内多余脂肪的燃烧，有利于瘦身美容。

### ☺ 五色蔬果适宜人群表

❶ 红色蔬果适合心气虚弱、免疫力低下、容易心悸、失眠多梦的人群食用。
❷ 绿色蔬果适合体内毒素积存过多、处于生长发育期的未成年人以及过于肥胖的人群食用。
❸ 黄色蔬果适合食欲不振、处于更年期以及骨质疏松的患者食用。
❹ 白色蔬果适合患有高血压、心脏病、高脂血症、脂肪肝等疾病的患者长期食用。
❺ 黑色蔬果适合肾虚的人，以及气管炎、肾病、贫血、脱发、少白头等患者食用。

# 如何切削蔬果

在制作蔬果汁时，不可避免地要对蔬果进行简单的切削和处理，这时就会用到刀具、勺子等工具，下面就简单介绍下切削蔬果的工具以及实操技巧。

## 先洗后切最营养

准备榨取一杯新鲜的蔬果汁，先切蔬果，还是先洗蔬果呢？很多人的习惯都是先将蔬果切成小段或小块，然后再放到水中冲洗。其实，这是不妥的做法，很容易造成营养的流失。蔬果中所含有的很多成分都是水溶性的，切成块状或者切成条状的蔬果如果放到水里清洗，势必会使这些营养物质大量流失。先洗净后再切成需要的大小，才是正确的方法。

## 切削蔬果的刀具

家中应当备有三把刀：切肉刀、切菜刀和水果刀。其中，切菜刀比较轻便，使用灵活，一般用来切蔬菜；而水果刀主要用来切水果。这三种刀具千万不可混用，尤其是用切肉刀去切蔬果，很不卫生，容易使蔬果污染到寄生虫和细菌。

切蔬果时，最好不要选用铁质的刀。我们用铁刀切蔬果的时候，会发现切开的部位有黑色的痕迹。这是因为蔬果中含有非常丰富的营养物质，和铁接触以后会发生氧化作用，蔬果中的维生素就会被破坏掉，还会严重影响到蔬果的色泽和香味。为了防止营养的流失，可以使用不锈钢刀，或者使用陶瓷刀。陶瓷刀性能稳定，不会和蔬果发生氧化反应，能保证食物的色泽和味道不改变。

## 巧妙利用小工具

有一些水果的果皮用刀并不好处理，例如菠萝、猕猴桃、芒果等，它们的果皮不是太硬就是太软，使用刀具来处理，无法最大限度地保留它们的果肉。这时候，就可以选择一些合适的小工具来处理果皮，最大限度地取出果肉。比如菠萝，可先用小刀片将果皮削掉，然后里面一个个

的小黑洞就可以用镊子去掉。再比如猕猴桃，可以先将首尾两端横切一下，再利用一把平常的小勺子，从横切面里面转一圈，就可以把剩下的果肉都取出来，这样比起用刀或者用手来去掉果皮要方便得多。

## 方便省力的水果削切机

如果不想专门买水果刀，或者觉得削皮太麻烦的话，还可以选择专门的水果切削机。这种机器不仅可以削去果皮，有的甚至还能将水果切好，只需要取出来直接放到榨汁机中即可。

当然，自制蔬果汁的乐趣在于享受亲自动手的过程，自己动手，说不定还能在制作的过程中激发更多的想象和创意。

# 自制蔬果汁的常用工具

　　要想制作出营养丰富、味道鲜美的蔬果汁，当然离不开制作工具的帮忙。根据蔬果本身的不同性质，选择适宜的制作工具，是做好蔬果汁的前提和基础。本节就介绍一下刀具之外的一些常用的自制蔬果汁工具。

## 榨汁机

♥ 适用范围
- 适用于那些纤维较细的蔬果，比如香蕉、桃、哈密瓜、葡萄、芒果、西红柿、菠菜、白菜等。因为在榨汁的过程中，这些蔬果会留下细小的食物纤维或者果渣，过滤后的蔬果汁浓厚、黏稠。

✚ 使用方法
- 把蔬果洗净后，将皮、籽去掉，切成可以放入给料口的大小。
- 放入材料后，将杯子或容器放在出口下面，再把开关打开，机器会开始运作，同时再用挤压棒往给料口挤压，加水搅拌。所有的材料不要超过榨汁机的1/2。

● 清洗方法
- 使用后立刻清洗，先取出搅拌杯，在水里浸泡后立刻冲洗干净。
- 榨汁机内的钢刀最好用刷子刷洗干净。
- 所有的物品一定要晾干后再存放。

## 压汁机

♥ 适用范围
- 适用于制作柑橘类水果的果汁，例如橙子、柠檬、葡萄柚等。

✚ 使用方法
- 将水果横切。
- 将切好的水果放在压汁机上。
- 下压、左右转动，挤出汁液。

● 清洗方法
- 使用完应马上用清水清洗。压汁处因为有很多缝隙，所以需用海绵或软毛刷清洗残渣。

## 搅拌棒

♥ 适用范围
- 底部有勺子的搅拌棒，适用于搅拌各类果汁。
- 底部没有勺子的搅拌棒，适合用来搅拌没有溶质或者是溶质较少的果汁。

✚ 使用方法
- 待果汁倒入杯内后，直接用搅拌棒搅匀即可。

● 清洗方法
- 搅拌棒使用完后立刻用清水洗净，晾干存放。

# 自制蔬果汁的注意事项

蔬果汁固然健康美味，但如果在制作中走进误区的话，也许还会起到相反的效果，损害身体健康。如有些果皮中会有残留的农药和污染物，如果以其为原料贸然食用，甚至会引起慢性中毒。下面就阐述一些在制作蔬果汁中需要注意的问题。

## 选用新鲜时令蔬果

新鲜时令蔬菜、水果营养价值高，味道也会更好。反季蔬果多产自大棚，经过某种催熟剂催熟，因此会残留有害物质，不利于人体健康。

## 慎重去果皮

蔬果的维生素与矿物质多在其果肉中，有些蔬果表面会残留一些蜡质或农药，如猕猴桃、瓜类、荸荠、柿子、土豆等。用这些蔬果榨汁时，为健康起见，应去掉果皮。相反，有些蔬果的果皮含有某些对人体有益的营养成分，如苹果、葡萄等。食用时，在清洗干净的前提下，最好保留果皮。

## 快速榨汁

很多蔬果中的维生素在蔬果被切开后或多或少都会有所流失，因而榨汁时应快速操作。将各种材料放入榨汁机后，动作应干净利索，尽量在短时间内完成整个制作过程。不过，有些蔬果则需要浸泡一段时间，如菠萝等，可提前泡好再榨汁。

## 要现榨现饮

新鲜蔬果汁中含有丰富的维生素等营养成分，长时间放置容易受到光线以及空气氧化作用的影响，造成蔬果汁中营养素的流失，降低其营养价值。因此，为了更好地吸收蔬果汁中的营养成分，发挥蔬果汁的功效，应尽量随时榨汁随时喝，最好在30分钟之内饮用完。实在有剩余的话，应用保鲜膜封好，放置在冰箱中储藏。此外，在饮用的时候，应小口慢饮，细细品尝，才能更好地吸收其营养素。若豪爽痛饮，会导致过多糖分进入人体血液中，增加血糖含量，损害人体健康。

## 蔬果汁的调味剂

不少蔬菜和水果中都含有一种酶，当这类蔬果与其他蔬果搭配后，就会损耗其他蔬果中的维生素C，降低蔬果汁的营养。而热性或酸性物质则是这种酶的克星，所以在榨汁时就可以用某些酸性物质搭配，如柠檬就可以保护其他蔬果中的维生素C免受破坏。

有些蔬果汁营养丰富，只是味道苦涩，如苦瓜汁等。制作时，可以加入适量冰块，既能调味，又能减少蔬果汁的泡沫，还能抗氧化。

在添加调味剂的时候，很多人还喜欢用糖来增加蔬果汁的口感，但是糖在分解的过程中会使蔬果汁中的B族维生素流失，降低蔬果汁的营养价值；而且，蔬果汁属于低热量饮品，加糖之后会增加其中的热量，影响人们正常的食欲。所以，在自制蔬果汁的时候尽量不要放糖。如果觉得蔬果汁不够爽口，可以用一些味道比较甜的水果，例如香瓜、菠萝等作为配料调和；或者直接在蔬果汁中加一点蜂蜜来改善口感。比如有一种苦瓜生姜汁，富含苦瓜苷和苦味素，具有健脾开胃的功效，但味道却较为苦涩，这时加上一点蜂蜜就可以改善口感，使其老少皆宜。

## 混搭更爽口

将不同的蔬菜、水果混合起来榨汁，营养更为全面，口感也更好。比如单一的柠檬汁过于酸涩，可以加入苹果，这样能同时吸收两种水果的营养，而且味道也不会很酸。

## 不要过分加热

如果在冬天要喝蔬果汁，或者想用蔬果汁来治疗风寒感冒，或者用来醒酒的话，最好将蔬果汁加热。加热蔬果汁的方法：一种是在榨汁的时候加入温水，这样榨出来的果汁就是温的；一种是将装有蔬果汁的杯子放到温水中加热到接近人的体温即可，这样既能保证营养，还容易被人体吸收。

## 渣滓不要丢掉

榨出的蔬果汁在营养成分上不会有所减少，但是却很容易出现植物纤维丢失的情况。植物纤维对人体具有重要的作用，能润肠通便，降低血糖、血脂等。所以，蔬果在榨汁后最好连同剩余的固体渣滓一起吃掉。

## ☺ 自制蔬果汁步骤

**第一步**
先将蔬果清洗干净，除去不能食用的部分，例如果皮、果核等，再切成2厘米左右的方块即可。

**第二步**
将过滤网装在榨汁机里面，盖上机盖，将顶上的量杯拿开，放入切好的蔬果等食材。

**第三步**
使用相应的工具把材料稍微往下按一下，再加入适量的水，开始榨汁。

**第四步**
将榨好的蔬果汁倒入杯子里，然后再加入柠檬汁、蜂蜜、冰块等调品味即可。

# 01

# 助消化、排宿便，让身体轻盈又健康

　　宿便是减肥的头号敌人，当消化功能紊乱或者出现障碍，人体新陈代谢产生的垃圾和毒素就会停留在肠道内，无法及时排出体外，甚至会被肠道反复吸收，进而干扰内分泌、免疫系统的正常功能，诱发习惯性便秘、腹胀、肥胖等。本章精心挑选了63款具有健胃消食、润肠通便作用的蔬果汁，能有效增强肠胃功能，为减肥瘦身提供基础和前提。

⏱ 制作时间：6分钟　　✖ 制作成本：5元

# 苹果白菜汁

❧ 原料

苹果·········································· 1 个
白菜········································· 100 克
柠檬·········································· 半个
水········································ 200 毫升
冰块适量

💧 做法

1. 将苹果洗净，去核，切块；白菜洗净，卷成卷；柠檬洗净，连皮切成3块。
2. 先将带皮的柠檬用榨汁机压榨成汁；然后再放入白菜、苹果和水，一起压榨成汁。
3. 在榨好的蔬果汁中加入冰块，最后依个人口味调味即可。

✖ 功效解读

白菜具有利大小便的功效；苹果有健胃消食的功效。此款蔬果汁既可助消化，还可缓解便秘。在饮用时，还可依个人口味和喜好，加入盐或蜂蜜调味。

# 香瓜桃汁

❧ 原料

桃、香瓜、柠檬 ····························各1 个
水 ···································· 200 毫升
冰块适量

💧 做法

1. 将桃洗净，去皮、去核，切块；香瓜去皮，切块；柠檬洗净，切片。
2. 将桃、香瓜、柠檬、水一同放进榨汁机中榨出果汁。
3. 将果汁倒入杯中，加入适量冰块即可。

✖ 功效解读

此款蔬果汁不仅具有缓解便秘的功效，还能改善肾病、心脏病，同时还有利尿的功效。在饮用时，还可依个人口味和喜好，加入适量盐或蜂蜜调味。

⏱ 制作时间：5分钟　　✖ 制作成本：6元

# 草莓菜花汁

❧ 原料

草莓…………………………………20 克
香瓜…………………………………1 个
菜花…………………………………80 克
柠檬…………………………………半个
冰块适量

● 做法

1. 将草莓洗净，去蒂；香瓜削皮，切块；菜花洗净，切块；柠檬洗净，切片。
2. 先将草莓和香瓜压榨成汁，再放菜花榨汁，最后加入柠檬榨汁。
3. 榨成汁后倒入杯中，再加入适量冰块即可。

✄ 功效解读

草莓富含多种营养成分，能改善食欲不振、小便短赤等症状；菜花是十字花科蔬菜，具有清热解渴、利尿通便的功效。此款蔬果汁不仅有助排便，还可改善不良情绪。

⊕ 制作时间：12分钟    ✄ 制作成本：10元

# 香瓜酸奶汁

❧ 原料

香瓜…………………………………100 克
酸奶…………………………………150 毫升
蜂蜜适量

● 做法

1. 将香瓜洗干净，去皮后切成小块，放入榨汁机中榨成汁。
2. 将榨好的香瓜汁倒入杯中，再加入酸奶和蜂蜜，搅拌均匀即可饮用。

✄ 功效解读

酸奶能够帮助消化、促进食欲，加强胃肠蠕动，提高机体代谢功能；与香瓜汁混合饮用，酸甜可口。此款蔬果汁具有利尿的功效，对改善便秘症状亦有很好的效果。

⊕ 制作时间：6分钟    ✄ 制作成本：7元

# 猕猴桃梨汁

### ♣ 原料

猕猴桃、梨、柠檬……………………各1个
冰块适量

### ● 做法

1. 将猕猴桃去皮后切成3块；梨洗净，去皮、去核，切成小块；柠檬洗净，切成片。
2. 将梨、猕猴桃、柠檬一起放入榨汁机内榨成果汁。
3. 将果汁倒入杯中，再加入适量冰块即可。

### ✖ 功效解读

猕猴桃营养丰富，能有效改善消化不良等症状；梨富含水分，能濡润肠道，对大便燥结症状有一定改善作用。此外，此款蔬果汁保留了猕猴桃和梨的原味，口感很好。

🕐 制作时间：6分钟　　✖ 制作成本：8元

# 草莓芥菜香瓜汁

### ♣ 原料

草莓……………………………………20 克
芥菜……………………………………50 克
香瓜……………………………………1 个
柠檬……………………………………半个
冰块、盐各适量

### ● 做法

1. 将草莓洗净，去蒂；芥菜洗净，切开根和叶；香瓜洗净，去皮去籽，切块；柠檬洗净，切片。
2. 先将草莓、香瓜、柠檬、芥菜的根一起放入榨汁机，再把芥菜的叶子折弯后放入，榨成汁即可。
3. 依个人口味放入冰块及盐调味即可。

### ✖ 功效解读

草莓能够促进胃肠蠕动；芥菜具有开胃、消食的功效。此款蔬果汁营养丰富，能够缓解便秘，改善胃肠功能等。

🕐 制作时间：7分钟　　✖ 制作成本：9元

# 葡萄菜花梨汁

## ♣ 原料

葡萄···················································150 克
菜花·····················································50 克
梨、柠檬·············································各半个
冰块适量

## ♠ 做法

1. 将葡萄洗净，去皮去籽；菜花洗净，切小块；梨洗净，去核，切小块；柠檬洗净，切片。
2. 先将柠檬榨汁备用。
3. 将葡萄、菜花、梨按顺序地放入榨汁机内榨成汁。
4. 往蔬果汁中加入柠檬汁和冰块搅匀即可。

## ✖ 功效解读

葡萄具有健胃益气的功效；菜花易消化，能够利尿通便；梨酥脆多汁，具有生津止渴、宽肠利尿的作用。此款蔬果汁含有多种营养成分，能有效缓解便秘症状。

🕐 制作时间：12分钟　　✖ 制作成本：8元

# 鳄梨水蜜桃汁

## ♣ 原料

鳄梨、水蜜桃·······································各1个
柠檬···················································半个
牛奶适量

## ♠ 做法

1. 将鳄梨和水蜜桃均洗净，去皮去核，切块；柠檬洗净，切成小片。
2. 将鳄梨、水蜜桃、柠檬片一同放入榨汁机内榨汁。
3. 将榨好的果汁倒入搅拌机中，加入牛奶，搅匀即可。

## ✖ 功效解读

鳄梨含有大量的酶，有健胃、清肠的作用；水蜜桃肉甜汁多，能够除水气、消肿满，有利尿通淋的功效；牛奶能够补益脾胃、生津润肠。此饮适合便秘患者饮用。

🕐 制作时间：5分钟　　✖ 制作成本：7元

# 草莓葡萄柚汁

## ❦ 原料

草莓·······························30 克
韭菜·······························50 克
菠萝······························100 克
葡萄柚、柠檬·······················各半个
冰块适量

## ♠ 做法

1. 草莓洗净，去蒂；菠萝去皮，切块；葡萄柚去皮、去瓤与籽；柠檬洗净，切片；韭菜洗净备用。
2. 先将草莓、菠萝、葡萄柚、柠檬放入榨汁机榨汁；然后再将韭菜折弯，放入榨汁机内榨汁。
3. 最后，将韭菜汁与榨好的果汁混合，再加入适量冰块即可。

## ✖ 功效解读

韭菜被称为"洗肠草"，具有润肠通便的功效；草莓和菠萝富含维生素C，有解毒的作用。此款蔬果汁能够有效改善便秘症状。

🕐 制作时间：10分钟 　✖ 制作成本：10元

---

# 葡芹菠萝汁

## ❦ 原料

葡萄、菠萝 ························各100 克
西芹·······························60 克
柠檬······························半个
冰块适量

## ♠ 做法

1. 将葡萄洗净，去皮、去籽；菠萝去皮，切块；柠檬洗净，切片；西芹洗净，切段。
2. 将葡萄、西芹、菠萝、柠檬一起放入榨汁机中榨汁。
3. 在榨好的蔬果汁中加入适量冰块即可。

## ✖ 功效解读

西芹、菠萝富含粗纤维，能够吸附肠道内的垃圾，并促进肠道蠕动，进而有效地防止便秘的发生；葡萄具有健胃益气的功效。此款蔬果汁能改善肠胃功能，此外还可以缓解高血压。

🕐 制作时间：8分钟 　✖ 制作成本：8元

# 南瓜椰奶汁

## ♣ 原料

南瓜·····················100 克
椰奶·····················50 毫升
红糖······················2 汤匙
水······················350 毫升

## ● 做法

1. 将南瓜去皮，切成丝，用水煮熟后捞起沥干，备用。
2. 将南瓜丝、椰奶和红糖放入搅拌机内，加入水搅打成汁即可。

## ✖ 功效解读

南瓜富含胡萝卜素和维生素C，具有健脾益胃的功效，能够促进肠胃蠕动，帮助食物消化；其富含的果胶能够保护胃肠道黏膜。此款蔬果汁适合便秘患者长期饮用。

⏱ 制作时间：12分钟    ✖ 制作成本：6元

⏱ 制作时间：5分钟    ✖ 制作成本：6元

# 苦瓜蜂蜜生姜汁

## ♣ 原料

苦瓜·····················1 根
柠檬·····················半个
生姜······················7 克
蜂蜜、冰块各适量

## ● 做法

1. 将苦瓜洗净，对切为二，去籽，切小块备用；柠檬去皮，切小块；生姜洗净，切片。
2. 将苦瓜、生姜、柠檬按顺序放进榨汁机中榨汁，最后加入蜂蜜调匀。
3. 将调好的蔬果汁倒入杯中，加入冰块即可。

## ✖ 功效解读

苦瓜营养丰富，含有各种维生素，能够促进人体的新陈代谢；苦瓜中的苦瓜苷和苦味素能增进食欲、健脾开胃。此款蔬果汁能够促进消化、有助排便。

# 木瓜牛奶蜜汁

## ♣ 原料

木瓜·························· 1个
牛奶························ 200 毫升
蜂蜜························· 1 小匙

## ● 做法

1. 将木瓜去皮、去籽，切成小块；将木瓜块放入榨汁机榨成汁。
2. 在木瓜汁中加入牛奶、蜂蜜，搅匀即可。

## ✖ 功效解读

木瓜含有的蛋白分解酶，能补充胃液分的不足，有助于分解蛋白质；蜂蜜能够润肠通便；牛奶能补益脾胃。此款蔬果汁营养丰富，老少皆宜。

⊕ 制作时间：5分钟　✖ 制作成本：7元

# 苹果香蕉梨汁

## ♣ 原料

苹果、梨·······················各1个
香蕉························· 1 根
水、冰块、蜂蜜各适量

## ● 做法

1. 将梨、苹果均洗净，切块；将香蕉剥皮后切块。
2. 将香蕉块、梨块和苹果块放入榨汁机中，加适量水榨成汁。
3. 将果汁倒入杯中，加入蜂蜜，一起搅拌均匀，再加入适量冰块即可。

## ✖ 功效解读

苹果具有生津止渴、清热除烦、健胃消食的功效；梨能润肺宽肠、利尿通便；香蕉能促进肠胃蠕动，具有通便润肠的功效。此款蔬果汁适合燥热型便秘患者饮用。

⊕ 制作时间：6分钟　✖ 制作成本：5元

# 菠萝果菜汁

## ♣ 原料

柠檬·····················半个
茭白·····················60 克
西芹·····················50 克
菠萝·····················100 克
冰块适量

## ♠ 做法

1. 将柠檬洗净，连皮切成3块；西芹洗净，切段；菠萝去皮，切块；茭白洗净。
2. 将柠檬、菠萝、茭白及西芹一起放入榨汁机中榨成汁。
3. 将蔬果汁倒入杯中，加入适量冰块即可。

## ✖ 功效解读

茭白具有祛热生津、止渴利尿的功效，能够通利二便；西芹富含粗纤维，能够促进肠道蠕动。此款蔬果汁能有效改善便秘症状，此外还能消除疲劳。

🕐 制作时间：6分钟　　✖ 制作成本：7元

🕐 制作时间：5分钟　　✖ 制作成本：7元

# 紫苏菠萝酸蜜汁

## ♣ 原料

紫苏·····················50 克
菠萝·····················30 克
梅汁·····················15 毫升
蜂蜜·····················2 小匙
水·····················350 毫升

## ♠ 做法

1. 将紫苏洗净，备用；将菠萝去皮，洗净，切成小块。
2. 将紫苏、菠萝、梅汁倒入榨汁机内，加入水搅打成汁。
3. 将果汁倒入杯中，加入蜂蜜搅匀即可。

## ✖ 功效解读

紫苏有解表散寒、行气和胃的功效；菠萝能解暑止渴、消食止泻；梅汁能够清热解渴。此款蔬果汁营养丰富，能够润畅肠道，还有美容滋补的功效。

# 苹果桃汁

🕐 制作时间：5分钟　　✂ 制作成本：6元

☘ 原料
桃、苹果、柠檬 ……………………各1个
冰块适量

🥄 做法
1. 将桃洗净，对切，去核、去皮；将苹果洗净，去核，切块；将柠檬洗净，切片。
2. 将桃、苹果、柠檬按顺序依次放入榨汁机中榨出果汁。

3. 将榨好的果汁倒入杯中，加入适量冰块，稍做搅拌即可饮用。

❈ 功效解读
桃富含蛋白质、粗纤维、钙、磷、铁、胡萝卜素、维生素$B_1$以及有机酸，适合消化能力较弱者食用；苹果也富含粗纤维，可清理肠胃，有助于体内有毒物质的排出。此款果汁不仅可以助消化、排宿便，还对肾病、肝病等有一定调理效果。

**爱心贴士**

　　桃很适宜肺病、肝病、水肿患者以及消化能力较弱者食用；但有毛囊炎、痈疖、面部痤疮者以及糖尿病患者则忌食。此外，烂桃千万不可食用，否则有损健康。

# 柠檬葡萄柚汁

## ♣ 原料

柠檬、葡萄柚……………………各半个
西芹……………………………80 克
冰块适量

## ♠ 做法

1. 将西芹洗净，茎和叶分开；柠檬洗净，带皮切块；葡萄柚剥皮，切块。
2. 先将柠檬和葡萄柚榨汁，备用；再将西芹茎及叶子放入榨汁机中榨汁。
3. 将两种蔬果汁倒入杯中混合搅匀，再加入适量冰块即可。

## ✖ 功效解读

葡萄柚有开胃、利尿、醒神的功效；西芹富含粗纤维；二者与柠檬一起榨汁饮用，能够帮助消化、消除疲劳、缓解便秘、排毒养颜。

🕐 制作时间：7分钟　　✖ 制作成本：6元

🕐 制作时间：5分钟　　✖ 制作成本：8元

# 木瓜香蕉牛奶

## ♣ 原料

木瓜………………………………1 个
香蕉………………………………2 根
牛奶……………………………150 毫升

## ♠ 做法

1. 将木瓜洗净，去皮、去籽，切成小块；香蕉剥皮，切成小块。
2. 把木瓜、香蕉、牛奶放入搅拌机内搅拌约1分钟即可。

## ✖ 功效解读

木瓜营养丰富，具有理气和胃、平肝舒筋的功效；香蕉能润肠通便；牛奶能中和胃酸、调理肠胃。此款蔬果汁有助消化、缓解便秘，还有美白皮肤的功效。

# 西红柿芒果柚汁

## ♣ 原料
草莓·····································60 克
西红柿····································1 个
芒果·····································2 个
葡萄柚····································半个
冰块适量

## ♦ 做法
1. 将草莓和西红柿洗净，去蒂，切块；葡萄柚剥皮，切块；芒果切开去核，用汤匙挖取果肉。
2. 将草莓、西红柿、葡萄柚、芒果肉放入榨汁机中压榨成汁。
3. 将果汁倒入杯中，加入冰块搅匀即可。

## ✖ 功效解读
芒果富含粗纤维，具有清理肠胃的功效；西红柿能健胃消食、生津止渴；葡萄柚能开胃助消化；草莓健脾和胃、利尿消肿。此款蔬果汁能缓解便秘，改善食欲不振等症状。

⏱ 制作时间：6分钟　　✖ 制作成本：9元

# 苹莓果菜汁

## ♣ 原料
苹果·····································1 个
草莓·····································20 克
西红柿····································半个
生菜·····································50 克

## ♦ 做法
1. 将苹果洗干净，去皮、去核，切成块；草莓洗净，去蒂。
2. 将西红柿洗净，切成小块；生菜洗净，撕成小片。
3. 将所有原料放入榨汁机中，加适量水，搅打成汁即可。

## ✖ 功效解读
苹果和草莓均有健脾益胃的功效；西红柿可以健胃消食；生菜具有安神的作用。此款蔬果汁不但能助消化、健脾胃，还有润肺止咳、养颜排毒、帮助睡眠的功效。

⏱ 制作时间：6分钟　　✖ 制作成本：5元

# 卷心菜蜜瓜汁

### ♣ 原料
卷心菜·······································100 克
黄河蜜瓜·······································60 克
柠檬·············································半个
冰块、蜂蜜各适量

### ♠ 做法
1. 将卷心菜叶洗净，卷成卷；黄河蜜瓜洗净，去皮、去籽，切块；柠檬洗净，连皮切成3块。
2. 将卷心菜、黄河蜜瓜、柠檬放进榨汁机中榨成汁。
3. 将蔬果汁倒入杯中，加入蜂蜜调匀，最后加冰块即可。

### ✖ 功效解读
卷心菜富含水分和维生素，且含热量低，能提高人体免疫力；黄河蜜瓜能止渴除烦，通利二便。此款蔬果汁具有增进食欲、促进消化、预防便秘的功效，还能改善胃肠溃疡。

🕐 制作时间：6分钟　　✖ 制作成本：6元

# 草莓蜜桃菠萝汁

### ♣ 原料
草莓············································30 克
水蜜桃··········································1 个
菠萝············································80 克
水···········································45 毫升
冰块适量

### ♠ 做法
1. 将草莓洗净，去蒂；水蜜桃洗净，去皮、去核后切成小块；菠萝去皮，切块。
2. 将草莓、水蜜桃、菠萝和水放入榨汁机内榨成果汁。
3. 将榨好的果汁倒入杯中，加入冰块即可。

### ✖ 功效解读
水蜜桃具有生津止渴，润肠通便的作用；菠萝能消食止泻；草莓健脾益胃。此款蔬果汁营养丰富，能防治便秘，还可滋润肌肤。

🕐 制作时间：5分钟　　✖ 制作成本：7元

# 西红柿牛奶蜜汁

🕐 制作时间：6分钟　　✂ 制作成本：5元

♣ **原料**

西红柿………………………………2 个
牛奶……………………………… 90 毫升
蜂蜜………………………………3 小匙
水 …………………………………100 毫升
冰块适量

♦ **做法**

1. 将西红柿洗净，去蒂后切成块。

2. 将西红柿、牛奶、冰块及水放入榨汁机中高速搅打成汁。

3. 将打好的蔬果汁倒入杯中，最后加蜂蜜调匀即可。

✂ **功效解读**

西红柿富含维生素C和番茄红素，具有减肥瘦身、消除疲劳、增进食欲、帮助消化、减少胃胀食积等功效；牛奶和蜂蜜均具有润肠通便的作用。故此款蔬果汁不但能帮助消化、通畅肠道，还具有美容瘦身的效果。

**爱心贴士**

患有肝炎、维生素C缺乏症、烟酸缺乏症、牙龈出血等病症患者适合食用西红柿，但不宜生吃和空腹吃。

# 猕猴桃葡萄汁

## ♣ 原料

葡萄·······················120 克
青甜椒、猕猴桃················各1 个
菠萝·······················100 克

## ♦ 做法

1. 将葡萄洗净，去皮、去籽；猕猴桃去皮，切小块。
2. 将菠萝去皮，切小块；青甜椒洗净，切小块。
3. 将葡萄、菠萝、猕猴桃和青甜椒放入榨汁机内榨成汁即可。

## ✖ 功效解读

猕猴桃含有较多的膳食纤维、寡糖和蛋白质分解酶，可快速消除体内堆积的有害代谢产物，能防治大便秘结。故此款蔬果汁适合便秘患者食用。

🕒 制作时间：6分钟　　✖ 制作成本：9元

---

🕒 制作时间：7分钟　　✖ 制作成本：6元

# 猕猴桃柳橙汁

## ♣ 原料

猕猴桃······················2 个
柳橙·······················半个
糖水·······················30 毫升
蜂蜜·······················1 小匙
冰块适量

## ♦ 做法

1. 将猕猴桃洗净，对切，挖出果肉；柳橙洗净，切开压汁，备用。
2. 将猕猴桃、糖水和蜂蜜放入榨汁机内，榨成汁。
3. 将果汁倒入杯中，加入柳橙汁和冰块即可。

## ✖ 功效解读

猕猴桃营养丰富，可快速清除体内堆积的有害代谢产物；柳橙富含膳食纤维，能够帮助排便；蜂蜜可润肠通便。故此款蔬果汁具有助消化和排便的功效。

# 卷心菜橘子汁

**❧ 原料**

卷心菜 ························300克
橘子 ························· 1个
柠檬 ·························半个
冰块适量

**◆ 做法**

1. 将卷心菜洗干净，撕成小块。
2. 将橘子剥去皮，去掉内膜和籽，掰开；柠檬切片，备用。
3. 把卷心菜、橘子、柠檬一起倒入榨汁机内榨成汁，倒入杯中后加入冰块即可。

**✖ 功效解读**

卷心菜能加速溃疡创面愈合，适合胃溃疡患者食用；橘子含有粗纤维，能够清理肠胃。故此款蔬果汁具有增进食欲、促进消化、预防便秘、美容等功效。

🕒 制作时间：5分钟　✖ 制作成本：5元

# 草莓柠檬梨汁

**❧ 原料**

草莓 ························80 克
梨 ························· 1个
柠檬 ·························半个
冰块适量

**◆ 做法**

1. 将草莓洗净，去蒂；梨洗净，去皮、去核，切成大小适中的块；柠檬洗净，切片。
2. 将草莓、梨和柠檬放入榨汁机内榨汁。
3. 将果汁倒入杯中，加入敲碎的冰块，搅拌均匀即可。

**✖ 功效解读**

梨具有帮助消化、润肺清心、利尿通便的作用；草莓具有健脾和胃、利尿消肿的功效。此款蔬果汁能够改善胃肠功能，可助消化、清宿便，还有美容瘦身的功效。

🕒 制作时间：6分钟　✖ 制作成本：5元

# 芒果飘雪冷饮

♣ 原料

芒果·······························1 个
冰块·····························120 克
水 ·······························30 毫升

♦ 做法

1. 将芒果去皮、去核，取出果肉备用。
2. 将冰块、芒果肉和水一起放入榨汁机中榨汁。
3. 将榨好的果汁倒入杯中即可饮用。

✖ 功效解读

芒果富含粗纤维，能够增加肠道蠕动，有开胃消食、帮助消化的作用。故此款蔬果汁有助消化、排宿便的功效。

🕐 制作时间：5分钟　　✖ 制作成本：4元

---

🕐 制作时间：10分钟　　✖ 制作成本：5元

# 土豆莲藕汁

♣ 原料

土豆·······························1 个
莲藕·····························80 克
蜂蜜·····························2 小匙
冰块适量

♦ 做法

1. 将土豆和莲藕均洗净，并去皮煮熟，待凉后切小块。
2. 将土豆、莲藕和冰块放入榨汁机中，高速搅打成汁。
3. 将蔬果汁倒入杯中，加蜂蜜搅匀即可。

✖ 功效解读

土豆含有丰富的膳食纤维，具有促进胃肠蠕动、疏通肠道的功效；莲藕亦含有丰富的维生素C和膳食纤维。故此款蔬果汁适合肝病和便秘患者饮用。

# 胡萝卜酸奶汁

## ♣ 原料
胡萝卜 ·············································200 克
酸奶·············································120 毫升
柠檬·················································半个

## ● 做法
1. 将胡萝卜洗干净，去掉外皮，切成大小适合的块；柠檬洗净，切成小片。
2. 将胡萝卜、酸奶和柠檬放入榨汁机内榨成汁即可饮用。

## ✖ 功效解读
胡萝卜有润肠通便、预防便秘及补血的功效；酸奶可以增加肠道内的有益菌，帮助消化、促进肠道蠕动；柠檬能生津止渴。此款蔬果汁制作简单，适合便秘患者饮用。

🕐 | 制作时间：5分钟 　　✖ | 制作成本：6元

# 木瓜紫甘蓝鲜奶汁

## ♣ 原料
木瓜·················································半个
紫甘蓝 ··············································80 克
鲜奶·············································150 毫升

## ● 做法
1. 将木瓜去皮、去籽，切块；紫甘蓝洗净，沥干水分，切小片。
2. 将木瓜、紫甘蓝和鲜奶放入榨汁机中打匀成汁，滤除果菜渣，倒入杯中即可。

## ✖ 功效解读
紫甘蓝富含维生素和各类矿物质，对肠胃不佳、便秘、食欲不振等症有改善作用；木瓜含有丰富的膳食纤维，可促进肠胃蠕动。此款蔬果汁不仅能助消化、排宿便，还可防止皮肤粗糙。

🕐 | 制作时间：6分钟 　　✖ | 制作成本：8元

# 酸奶梨汁

## ♣ 原料

梨 ························································ 2 个
酸奶 ·············································· 100 毫升
水 ················································· 30 毫升

## ● 做法

1. 将梨洗净，去皮、去核，切块备用。
2. 将梨、酸奶和水放入榨汁机中榨成汁，倒入
   杯中即可。

## ✖ 功效解读

梨具有止咳化痰、清热利尿的作用；酸奶可以
促进胃液分泌和增进肠蠕动，有生津止渴、润
肠通便的功效。此款蔬果汁能够清肠护胃，适
合燥热型便秘患者饮用。

🕐 制作时间：5分钟　　✖ 制作成本：7元

🕐 制作时间：5分钟　　✖ 制作成本：8元

# 火龙果蜂蜜汁

## ♣ 原料

火龙果 ············································· 300 克
水 ················································ 200 毫升
柠檬汁、蜂蜜 ································· 各1 汤匙

## ● 做法

1. 将火龙果去皮，切块。
2. 将火龙果和水放入榨汁机中榨成汁，然后倒
   入杯中。
3. 加入柠檬汁和蜂蜜调匀即可。

## ✖ 功效解读

火龙果具有高纤维、低热量的特点，富含维生
素、多种矿物质及叶绿素等营养成分，能帮助
肠胃蠕动、清除宿便。故此款蔬果汁有助消
化、排宿便的功效。

# 葡萄柚苹果汁

## 🍀 原料

葡萄柚 ························································ 2 个
苹果 ························································· 1 个
水 ······················································· 50 毫升
蜂蜜 ······················································· 1 小匙

## ● 做法

1. 将葡萄柚洗净，横切成两半，先用压汁机压汁备用；苹果洗净，切小块。
2. 将苹果和葡萄柚汁放入榨汁机，再加入水一起搅打成汁。
3. 将果汁倒入杯中，然后加入蜂蜜调匀即可。

## ✖ 功效解读

苹果含有丰富的果胶和膳食纤维，能刺激肠道，使大便松软、排泄顺畅；葡萄柚中含有机酸，能刺激肠蠕动。故此款蔬果汁有通利大便、调理肠胃的作用，能有效改善便秘症状。

🕐 制作时间：7分钟 　　✖ 制作成本：10元

# 小黄瓜乳酸汁

## 🍀 原料

小黄瓜 ······················································ 2 根
乳酸菌饮料 ············································· 200 毫升
水 ······················································ 120 毫升
蜂蜜 ······················································· 1 小匙

## ● 做法

1. 将小黄瓜洗净，削去外皮，切小块。
2. 将黄瓜块放入榨汁机，加入乳酸菌饮料和水，然后将其高速搅打成汁。
3. 将打好的蔬果汁倒入杯中，加入蜂蜜调匀即可饮用。

## ✖ 功效解读

小黄瓜清凉退火、生津解热，有利尿消肿的功效；乳酸菌饮料能增加肠道益菌群的生长，调理肠胃。此款蔬果汁操作简单，长期饮用能去除胃肠积热，促进排便。

🕐 制作时间：5分钟 　　✖ 制作成本：7元

# 鲜橙银耳汁

## ❦ 原料
柳橙·······································4 个
牛奶·································200 毫升
银耳·······································5 克

## ♠ 做法
1. 将柳橙洗净，剥皮，对切，用压汁机将其压成汁，备用。
2. 将银耳洗净，泡发，切碎，与牛奶一同放入榨汁机中搅打均匀。
3. 将备好的两种蔬果汁倒入杯中混合，搅匀即可。

## ✖ 功效解读
银耳具有净化肠道、促进细胞再生的作用；牛奶健脾益胃；柳橙富含维生素C，可促进胶原蛋白的合成，加速人体新陈代谢。此款蔬果汁不但能帮助消化，还能美白抗老。

🕒 制作时间：15分钟　　✖ 制作成本：9元

---

🕒 制作时间：15分钟　　✖ 制作成本：6元

# 香蕉菠萝西红柿汁

## ❦ 原料
香蕉·······································1 根
菠萝·······································50 克
西红柿·····································半个
水······································150 毫升
冰块、蜂蜜各适量

## ♠ 做法
1. 将香蕉去皮，切小块；将菠萝去皮，切小块，用盐水浸泡10分钟，捞出冲净；将西红柿洗净，切丁。
2. 将香蕉、菠萝和西红柿放入榨汁机，再加入水和冰块搅打成汁。
3. 将榨好的蔬果汁倒入杯中，加入蜂蜜调匀即可。

## ✖ 功效解读
此款蔬果汁可改善胃部胀满不适，有助消化、排宿便的功效。

# 茼蒿菠萝汁

🕐 制作时间：5分钟　　✖ 制作成本：6元

## 🌿 原料

茼蒿·····················100 克
菠萝·····················150 克
胡萝卜····················50 克
柠檬汁、冰块各适量

## ● 做法

1. 将茼蒿洗净，切小段；菠萝去皮，切小块；胡萝卜洗净，去皮，切块。

2. 将茼蒿、菠萝和胡萝卜放入榨汁机中榨成汁。

3. 将榨好的蔬果汁倒入杯中，依个人口味加入柠檬汁和冰块调匀即可。

## ✖ 功效解读

茼蒿含丰富的膳食纤维和水分，有整肠健胃、缓解便秘的功效；胡萝卜可以补中益气、健胃消食；菠萝能帮助消化。此款蔬果汁不但能改善肠胃的消化吸收功能、清除宿便，还有排毒的功效。

### 爱心贴士

茼蒿具有调胃健脾、降压补脑等功效。常吃茼蒿，对咳嗽痰多、脾胃不和、记忆力减退、习惯性便秘有较好的疗效。

# 苹果香蕉柠檬汁

## ♣ 原料

香蕉······················································ 1 根
苹果······················································ 1 个
柠檬·····················································半个
酸奶···················································· 200 毫升

## ♠ 做法

1. 将香蕉去皮，切小块；将柠檬洗净，切碎；将苹果洗净，去核，切小块。
2. 将香蕉、苹果、柠檬和酸奶一同放入榨汁机内，搅打均匀即可。

## ✖ 功效解读

苹果健胃消食；香蕉润肠通便，能使大便松软，易于排出；柠檬生津开胃，帮助消化；酸奶能改善肠内菌群比例，促进肠胃蠕动。故此款蔬果汁既有助于消化，又能防止便秘。

🕐 制作时间：5分钟　　✖ 制作成本：8元

---

# 苹果菠萝柠檬汁

## ♣ 原料

苹果、桃、柠檬 ······························各1 个
菠萝·················································300 克
冰块适量

## ♠ 做法

1. 将桃洗净，去核，切块；柠檬洗净，切片；苹果洗净，去皮、去核，切块；菠萝去皮，切块。
2. 将所有水果放入榨汁机内榨成汁。
3. 将果汁倒入杯中，加入冰块即可。

## ✖ 功效解读

此款蔬果汁不但营养丰富、制作简单，而且能够改善肠胃功能，有助消化、排宿便的功效。

🕐 制作时间：7分钟　　✖ 制作成本：8元

# 雪梨菠萝汁

☘ **原料**

雪梨·······························半个
菠萝汁···························· 30 毫升
水······························100 毫升

💧 **做法**

1. 将雪梨洗净，去皮，切成小块。
2. 将雪梨和水放入榨汁机内榨汁。
3. 将榨好的雪梨汁倒入杯中，依个人口味加入菠萝汁即可。

✖ **功效解读**

雪梨具有生津润燥、清热化痰的功效；菠萝具有清暑解渴、消食止泻、补脾胃、固元气的作用。故此款蔬果汁有助消化的功效，而且还可润肺化痰。但需注意的是，脾胃虚寒者不宜多饮。

⏱ 制作时间：5分钟　　✖ 制作成本：4元

# 香蕉燕麦牛奶汁

☘ **原料**

香蕉······························ 1 根
燕麦····························80 克
牛奶···························· 200 毫升

💧 **做法**

1. 将香蕉去皮，切成小段；燕麦洗净。
2. 将香蕉、燕麦和牛奶一同放入榨汁机内，搅打成汁即可。

✖ **功效解读**

香蕉富含膳食纤维，能润肠通便；牛奶具有补虚损、益脾胃、生津润肠的功效；燕麦富含维生素和氨基酸，能降低血压、降低胆固醇。此款蔬果汁营养丰富，适合便秘和高血压患者饮用。

⏱ 制作时间：4分钟　　✖ 制作成本：5元

# 香蕉酸奶柠檬汁

**❤ 原料**

香蕉·····································2 根
酸奶·································· 200 毫升
柠檬·····································半个

**● 做法**

1. 将香蕉去皮，切小段，放入榨汁机中搅碎，盛入杯中备用。
2. 将柠檬洗净，切块，放入榨汁机中榨成汁。
3. 将酸奶、香蕉汁与柠檬汁混合，搅匀即可饮用。

**✖ 功效解读**

香蕉能清热润肠、促进肠胃蠕动，可有效改善大便干燥难解的症状；柠檬能生津解暑、开胃醒脾；酸奶能改善肠道菌群。故此款蔬果汁能有效缓解便秘症状。

🕐 制作时间：5分钟　　✖ 制作成本：7元

---

# 番石榴什锦果汁

**❤ 原料**

番石榴 ·································2 个
菠萝 ···································30 克
柳橙、柠檬 ····························各1 个
朗姆酒、水各适量

**● 做法**

1. 将番石榴洗净，切开，去籽；菠萝去皮，切块；柳橙去皮，切块；柠檬洗净，切片。
2. 将切好的番石榴、菠萝、柳橙、柠檬放入榨汁机中榨汁。
3. 将榨好的蔬果汁倒入杯中，加入适量的朗姆酒和水，搅匀即可。

**✖ 功效解读**

番石榴、菠萝、柳橙、柠檬均有消食、增强肠胃功能的作用。故此款蔬果汁能有效改善消化不良的症状。

🕐 制作时间：7分钟　　✖ 制作成本：8元

# 樱桃酸奶汁

## ♣ 原料
樱桃……………………………………100 克
酸奶……………………………………50 毫升
水………………………………………100 毫升
冰块适量

## ♦ 做法
1. 将樱桃洗净,去核,切小块备用。
2. 将樱桃、酸奶和水一同放入榨汁机中搅打30秒。
3. 将打好的樱桃酸奶倒入杯中,加冰块搅匀即可。

## ✖ 功效解读
樱桃具有益气祛湿、健脾和胃的功效;酸奶能够增加肠道有益菌群数量,增强肠道蠕动。此款蔬果汁具有助消化、排宿便的功效。

🕑 制作时间:6分钟　　✖ 制作成本:5元

# 芹菜芦笋汁

## ♣ 原料
芹菜……………………………………70 克
芦笋……………………………………200 克
苹果……………………………………半个
核桃仁…………………………………20 克
蜂蜜、牛奶各适量

## ♦ 做法
1. 将芦笋洗净,去根,切块;苹果洗净,去核,切块;芹菜洗净,去叶,切段。
2. 将芦笋、苹果、芹菜、核桃仁与适量牛奶一同放入榨汁机中搅打成汁。
3. 将蔬果汁倒入杯中,加入蜂蜜搅匀即可。

## ✖ 功效解读
此款蔬果汁营养丰富,不仅能改善食欲不振的症状,还能有效缓解便秘。

🕑 制作时间:7分钟　　✖ 制作成本:8元

# 苦瓜汁

## ♣ 原料

苦瓜……………………………………… 1 根
柠檬………………………………………半个
生姜……………………………………… 7 克
水、蜂蜜各适量

## ♠ 做法

1. 将苦瓜洗净，去籽，切小块；柠檬洗净，去皮，切小块；生姜洗净，切片。
2. 将苦瓜、柠檬和生姜倒入榨汁机中，加适量水搅打成汁。
3. 将榨好的蔬果汁倒入杯中，然后加蜂蜜调匀即可。

## ✖ 功效解读

苦瓜中的苦瓜苷和苦味素具有增进食欲、健脾开胃的功效；柠檬能够开胃醒脾、增强消化功能；生姜中所含的姜酚能刺激肠道蠕动。故此款蔬果汁能够增强脾胃功能，有助消化。

🕐 制作时间：5分钟　　✖ 制作成本：5元

---

# 芦笋西红柿汁

## ♣ 原料

芦笋………………………………………300 克
西红柿 ……………………………………半个
牛奶……………………………………… 200 毫升
水适量

## ♠ 做法

1. 将芦笋洗净，切块，放入榨汁机中榨汁，备用。
2. 将西红柿洗净，去皮，切块；将西红柿和水一起放入榨汁机中榨汁。
3. 将芦笋汁、西红柿汁和牛奶混合，调匀即可。

## ✖ 功效解读

芦笋富含多种氨基酸、蛋白质和维生素，长期食用，能改善脾胃功能；西红柿具有健胃消食、生津止渴的功效；牛奶可以益胃润肠。此款蔬果汁能够增强消化功能。

🕐 制作时间：5分钟　　✖ 制作成本：6元

# 西红柿胡萝卜汁

## ♣ 原料
西红柿 ······················································半个
胡萝卜 ·····················································80 克
柳橙·························································· 1 个

## ● 做法
1. 将西红柿洗净，切成块；胡萝卜洗净，切成片；柳橙剥皮，掰开，备用。
2. 将西红柿、胡萝卜、柳橙放入榨汁机中榨出汁即可。

## ✖ 功效解读
胡萝卜具有补中益气、健胃消食、壮元阳、安五脏的功效，能够治疗消化不良等症；西红柿能健胃消食；柳橙可以助消化。此款蔬果汁适合肠胃功能虚弱者饮用。

⊕ 制作时间：5分钟　　✖ 制作成本：5元

---

# 红薯苹果葡萄汁

## ♣ 原料
红薯························································ 140 克
苹果······················································ 1/4 个
葡萄························································60 克
蜂蜜······················································1 小匙

## ● 做法
1. 将苹果洗净，去皮、去核，切块；将红薯洗净，去皮，切块，再入沸水中焯一下。
2. 将葡萄洗净，去皮、去籽。
3. 将苹果、红薯和葡萄放入榨汁机中一起搅打成汁，滤除果肉留汁，加蜂蜜调匀即可。

## ✖ 功效解读
红薯含有生物类黄酮成分，能促使排便通畅，提高消化功能，富含的膳食纤维能促进胃肠蠕动和防止便秘；葡萄能够健胃生津。此款蔬果汁能有效调节肠胃功能，改善便秘症状。

⊕ 制作时间：9分钟　　✖ 制作成本：7元

# 番石榴西芹汁

☘ 原料

番石榴 ……………………………………… 1 个
西芹 …………………………………… 100 克
水、蜂蜜各适量

🖤 做法

1. 将番石榴洗净，去籽，切成小块；西芹洗净，去掉叶子和老筋，切成段。
2. 将番石榴和西芹放入榨汁机中，再加入水搅打成汁。
3. 将榨出的汁倒入杯中，加入蜂蜜调匀即可。

✄ 功效解读

番石榴具有健脾消积、涩肠止泻的功效，可改善积食胀满等症状；西芹富含粗纤维，能够刺激肠道蠕动。此款蔬果汁不但能润肠通便，还可以调理消化功能。

🕐 制作时间：5分钟　✄ 制作成本：5元

# 木瓜红薯汁

☘ 原料

木瓜 …………………………………………半个
红薯 …………………………………… 130 克
柠檬汁 ……………………………… 100 毫升
牛奶 ………………………………… 200 毫升
蜂蜜 ……………………………………… 1 小匙

🖤 做法

1. 将木瓜去皮，切块；将红薯煮熟，压成泥。
2. 将木瓜、红薯泥和牛奶放入榨汁机中一起搅打成汁，并滤除果肉。
3. 将榨好的蔬果汁倒入杯中，再兑入柠檬汁和蜂蜜，搅拌均匀即可。

✄ 功效解读

红薯、木瓜均能刺激肠胃蠕动，促使排便通畅；牛奶和蜂蜜均能润肠通便。故此款蔬果汁适合便秘者饮用。

🕐 制作时间：15分钟　✄ 制作成本：7元

# 牛蒡苹果蜜汁

⏲ 制作时间：6分钟　　✕ 制作成本：5元

♣ 原料

牛蒡·····················50 克
苹果······················ 1 个
菠萝····················100 克
蜂蜜····················2 小匙
柠檬汁····················5 毫升
碎冰块··················120 克

● 做法

1. 将牛蒡洗净，切块；苹果去皮、去核，切块；
   菠萝去皮，切小块，再用盐水浸泡5分钟。

2. 将牛蒡、苹果和菠萝一起放入榨汁机中，
   再加入柠檬汁和碎冰块一起搅打成汁。

3. 将榨好的蔬果汁倒入杯中，加入蜂蜜搅
   匀即可。

✕ 功效解读

牛蒡具有降血糖、降血脂、降血压、提高
人体免疫力的功效；苹果和菠萝均具有开
胃健脾的功效，能增强消化功能。故此款
蔬果汁不仅具有助消化、排宿便的功效，
还能提高人体免疫力。

# 双萝卜牛蒡汁

♣ 原料

胡萝卜……………………………… 100 克
白萝卜、牛蒡……………………… 各50 克
萝卜叶、香菇……………………… 各30 克
水 …………………………………… 500 毫升
蜂蜜 …………………………………2 汤匙

● 做法

1. 将胡萝卜、白萝卜洗净，去皮，切块；牛蒡洗净，去皮，切丝；香菇泡软，洗净，切片；萝卜叶洗净沥干。
2. 将香菇片用水煮熟，晾凉后放入榨汁机，再将胡萝卜、白萝卜、萝卜叶、牛蒡丝和水放入榨汁机搅打成汁。
3. 将榨出的汁倒入杯中，加蜂蜜调匀即可。

✖ 功效解读

白萝卜、胡萝卜均具有促进肠胃蠕动，帮助排便的功效。故此款蔬果汁适合便秘患者食用。

⏱ 制作时间：15分钟　✖ 制作成本：6元

# 芝麻红薯黄豆奶

♣ 原料

红薯………………………………… 100 克
芝麻粉……………………………… 10 克
黄豆粉……………………………… 15 克
热水………………………………… 120 毫升
黑糖粉 ………………………………1 小匙

● 做法

1. 将红薯洗净，连皮放入锅中蒸熟，取出后去皮、切丁。
2. 将黄豆粉放入杯中，加入热水拌至溶化，倒入榨汁机中，再加入红薯、芝麻粉和黑糖粉搅打成糊状，倒入杯中即可饮用。

✖ 功效解读

红薯含丰富的膳食纤维，具有润肠通便的功效；黄豆具有健脾益气的作用，能改善消化不良等症状。此款蔬果汁富含多种营养，不但能调理肠胃功能，还具有滋阴补血的功效。

⏱ 制作时间：15分钟　✖ 制作成本：5元

# 牛蒡薏米番石榴汁

## ❦ 原料
薏米·······································50 克
牛蒡······································100 克
番石榴 ····································· 1 个
水·······································150 毫升
冰块、蜂蜜各适量

## ● 做法
1. 先将薏米泡水一晚，捞出冲净，放入蒸锅中加水蒸煮至熟，取出。
2. 牛蒡洗净，去皮，切丁；番石榴洗净，切丁。
3. 将牛蒡、番石榴、水和冰块放入榨汁机中搅打成汁；倒出后，加薏米、蜂蜜拌匀即可。

## ✖ 功效解读
薏米有利尿解毒、消除水肿的功效；与番石榴、牛蒡等富含膳食纤维的蔬果榨成汁，能够润肠通便，适合便秘者饮用。

⊕ 制作时间：18分钟　　✖ 制作成本：7元

# 草莓果菜汁

## ❦ 原料
草莓·······································100 克
甜椒·······································1 个
苦瓜·······································1 根
水·······································200 毫升

## ● 做法
1. 将草莓去蒂，洗净，切块；将甜椒洗净，切碎；将苦瓜洗净，去瓤，切丁。
2. 将切好的草莓、甜椒、苦瓜和水一起放入榨汁机榨汁即可。

## ✖ 功效解读
草莓含有大量果胶和膳食纤维，能够促进胃肠蠕动、帮助消化、改善便秘，预防痔疮的发生；苦瓜有排毒解热的功效。故此款蔬果汁有助消化、排宿便的功效。

⊕ 制作时间：5分钟　　✖ 制作成本：7元

# 芹菜胡萝卜汁

**♣ 原料**

芹菜·······································100 克
胡萝卜·····································80 克
水·········································200 毫升

**♠ 做法**

1. 将芹菜洗净，去叶，将茎切段；将胡萝卜洗净，去皮，切块。
2. 将切好的芹菜、胡萝卜和水一起放入榨汁机中榨汁即可。

**✖ 功效解读**

胡萝卜不但能增强消化功能，还具有解毒功效；芹菜富含的膳食纤维能够加速人体排便。此款蔬果汁不但能润肠通便，还能美容排毒。

🕑 制作时间：5分钟　　✖ 制作成本：3元

# 苹果牛奶汁

**♣ 原料**

苹果·······································1 个
牛奶·······································200 毫升

**♠ 做法**

1. 将苹果洗净，去核，切块。
2. 将切好的苹果和牛奶一起放入榨汁机中榨汁即可。

**✖ 功效解读**

苹果中的可溶性纤维，能保证肠道循环正常运转，刺激宿便排出；牛奶具有补虚损、益肺胃、生津润肠的功效。此款蔬果汁营养丰富，具有排宿便、排毒养颜的功效。

🕑 制作时间：5分钟　　✖ 制作成本：5元

# 苦瓜柳橙苹果汁

🕐 制作时间：5分钟　　✂ 制作成本：6元

### ♣ 原料

苦瓜·····························1 根
苹果、柳橙 ·····················各1 个
水·····························200 毫升

### ♦ 做法

1. 将苦瓜洗净，去瓤，切块；将柳橙洗净，剥皮，切块；苹果洗净，去皮、去核，切块。

2. 将准备好的苦瓜、柳橙、苹果和水一起放入榨汁机中榨汁即可。

### ✂ 功效解读

柳橙和苹果富含的膳食纤维和果胶，能促进肠道蠕动，并吸附油脂和胆固醇使其随粪便排出体外；此外，还能够防止胃肠胀满、胀气，促进消化。此款蔬果汁不但能够润肠通便、调理肠胃功能、促进消化，还具有排毒、减肥瘦身的功效。

**爱心贴士**

苦瓜减肥法需要每天坚持吃2~3根苦瓜，苦瓜虽然营养价值很高，但并不能提供身体必需的全部营养，因此应同时补充其他食物。注意，减肥应该以身体健康为前提。

# 苹果西蓝花汁

## ♣ 原料

苹果······················ 1 个
西蓝花···················· 150 克
水······················ 200 毫升
蜂蜜适量

## ● 做法

1. 将苹果洗净，去核，切成块状；将西蓝花洗净，在热水中焯一下，切块。
2. 将苹果、西蓝花和水一起放入榨汁机中榨汁。
3. 将榨好的蔬果汁倒入杯中，加入蜂蜜搅匀即可。

## ✖ 功效解读

苹果所含的膳食纤维能使粪便变软，富含的有机酸能刺激肠胃蠕动；西蓝花富含的多种维生素具有预防胃溃疡和十二指肠溃疡的功效。此款蔬果汁能够增强肠胃蠕动，保持大便通畅。

🕐 制作时间：10分钟　　✖ 制作成本：6元

---

# 木瓜柳橙豆浆汁

## ♣ 原料

木瓜······················半个
柳橙······················ 1 个
柠檬······················ 2 片
豆浆······················ 200 毫升

## ● 做法

1. 将木瓜去皮、去籽，洗净，切块；柳橙洗净，去皮，切块。
2. 将准备好的木瓜、柳橙、柠檬和豆浆一起放入榨汁机中榨汁。

## ✖ 功效解读

木瓜中含有大量的木瓜蛋白酶，又称木瓜酵素，可以解除食物中的油腻；柳橙含有的果胶和膳食纤维，能够帮助肠道蠕动，清肠通便，及时排出体内的有害物质。故本款蔬果汁有助消化、排宿便的功效。

🕐 制作时间：10分钟　　✖ 制作成本：6元

# 清热利尿，
# 将排毒进行到底

　　肥胖者大多有身热汗多、口干面赤等热证体质症状，如果人体内的脂肪过多、毒素淤积，就会影响肝肾功能。清热利尿即是通过泻火、解毒、凉血等方式，加速体液循环过程，通利小便、强化肾脏功能。本章精心挑选了63款蔬果汁，这些蔬果汁均具有清热祛火、利尿排毒的功效，帮助排出体内毒素，让你健康瘦身。

# 土豆胡萝卜汁

### ❀ 原料
土豆······························半个
胡萝卜··························· 10 克
糙米饭··························· 30 克
水····························· 350 毫升

### ◐ 做法
1. 将土豆洗净，去皮，切丝，用滚水汆烫后捞起，用凉水浸泡片刻，沥干。
2. 将胡萝卜洗净，切成块。
3. 将土豆、胡萝卜、糙米饭和水一起倒入榨汁机中，搅打成汁即可。

### ✖ 功效解读
土豆含有大量淀粉，能够帮助带走胃肠中的一些油脂和垃圾。此款蔬果汁具有通便排毒的作用，并且使人容易产生饱腹感，利于减肥。

🕒 制作时间：12分钟　　✖ 制作成本：5元

# 苹果西芹柠檬汁

### ❀ 原料
苹果···························· 1 个
西芹··························· 100 克
柠檬····························半个
冰块适量

### ◐ 做法
1. 将苹果洗净，去皮、去核，切块；西芹洗净，茎叶切分开；柠檬洗净，连皮切成3块。
2. 先将柠檬放入榨汁机中榨汁，再将西芹的叶子、茎和苹果先后放入榨汁机榨汁。
3. 将蔬果汁倒入杯中，加入适量冰块即可。

### ✖ 功效解读
苹果能够促进脂肪排出，调理肠胃，有助排泄；西芹含有利尿成分；柠檬富含维生素C，具有抗菌消炎、增强人体免疫力等多种功效。此款蔬果汁具有通便排毒的功效。

🕒 制作时间：6分钟　　✖ 制作成本：5元

# 芒果柠檬汁

## ♣ 原料

芒果·······················2 个
柠檬·······················半个
水 ·······················200 毫升
蜂蜜适量

## ♦ 做法

1. 将芒果去皮、去核，切块；柠檬洗净，切片。
2. 将芒果、柠檬和水放入榨汁机内榨汁，倒入
   杯中加蜂蜜搅匀即可。

## ✖ 功效解读

芒果富含膳食纤维、维生素C和维生素P。将
芒果与柠檬榨汁饮用，能增强人体的免疫力，
促进肠胃的蠕动，使体内毒素迅速排出体外。

⊙ 制作时间：5分钟　　✖ 制作成本：6元

# 香蕉苹果汁

## ♣ 原料

香蕉·······················1 根
苹果·······················半个
酸奶·······················200 毫升

## ♦ 做法

1. 将苹果洗净，去皮、去核，切成小块；香蕉
   去皮，切成小块。
2. 将苹果、香蕉和酸奶一起放入榨汁机内榨成
   汁即可。

## ✖ 功效解读

香蕉、苹果、酸奶都能够促进肠胃的蠕动，具
有润肠通便的功效。将这3种物质混合榨汁饮
用，能减少毒素在体内的积存。但需注意的
是，脾虚泄泻者不宜饮用。

⊙ 制作时间：5分钟　　✖ 制作成本：7元

# 芒果茭白牛奶汁

## ♣ 原料

芒果·······························2 个
茭白·······························100 克
柠檬·······························半个
牛奶·······························200 毫升
蜂蜜适量

## ● 做法

1. 将芒果洗净，去皮、去核，取果肉；将茭白洗净，备用；将柠檬去皮，切成小块。
2. 把芒果、茭白、柠檬、牛奶一起放入榨汁机中榨成汁。
3. 将蔬果汁倒入杯中，加蜂蜜搅匀即可。

## ✖ 功效解读

茭白有祛热、止渴、利尿的功效。将茭白与芒果一起榨汁饮用，营养丰富，口味独特。此款蔬果汁具有促进胃肠蠕动、利大小便的功效。

🕐 制作时间：5分钟　　✖ 制作成本：8元

# 柠檬柳橙香瓜汁

## ♣ 原料

柠檬、柳橙、香瓜·······························各1 个
冰块适量

## ● 做法

1. 将柠檬洗净，切块；将柳橙去皮、去籽，切块；将香瓜洗净，切块。
2. 将柠檬、柳橙、香瓜按顺序放入榨汁机中榨成汁。
3. 将榨好的果汁倒入杯中，加冰块即可。

## ✖ 功效解读

此款蔬果汁口味酸甜、营养丰富，具有利尿、缓解便秘、滋润皮肤的功效。

🕐 制作时间：5分钟　　✖ 制作成本：6元

# 苹果芥菜汁

♣ 原料

苹果、柠檬·····························各1个
芥菜·································100 克

● 做法

1. 将苹果洗净，去皮、去核，切块；将柠檬洗净，连皮切成3块；芥菜洗净，切除叶子。
2. 先将柠檬放进榨汁机中榨汁备用；再将苹果和芥菜放入榨汁机中榨汁。
3. 将两种蔬果汁倒入杯中，混合搅匀即可。

✖ 功效解读

芥菜具有解毒消肿的功效，还能够促进肠胃的蠕动、增强食欲；与苹果、柠檬一起榨汁饮用，能够清热利尿、排毒养颜，效果良好。

⏱ 制作时间：6分钟　✖ 制作成本：6元

# 清爽柳橙蜜汁

♣ 原料

柳橙·································2 个
蜂蜜································1 小匙

● 做法

1. 将柳橙去皮，切成小块。
2. 将柳橙放入榨汁机中榨汁，把蜂蜜加入榨好的柳橙汁中搅拌均匀，即可饮用。

✖ 功效解读

蜂蜜对胃肠功能有调节作用，可使胃酸分泌正常，促进肠胃的蠕动，可显著缩短排便时间。柳橙对缓解便秘也有显著的功效。故此款蔬果汁可润肠通便、清热利尿、排毒。

⏱ 制作时间：5分钟　✖ 制作成本：5元

# 苹果油菜汁

## ♣ 原料

苹果、柠檬 ······························· 各1 个
油菜 ······························· 100 克
蜂蜜适量

## ● 做法

1. 将苹果洗净，去皮、去核，切块；将油菜洗净，备用；柠檬洗净，连皮切成3块。
2. 先把柠檬放入榨汁机榨成汁，备用；再将苹果、油菜放入榨汁机榨成汁。
3. 将两种蔬果汁倒入杯中混合，加入蜂蜜搅匀即可。

## ✖ 功效解读

油菜能够促进血液循环，增强肝脏的排毒功能；苹果能促进肠道蠕动，可缓解便秘、预防肠道肿瘤。此款蔬果汁具有清热解毒、防癌的功效，是夏季饮品的优选。

⊕ 制作时间：6分钟　　✖ 制作成本：5元

# 苹果白菜柠檬汁

## ♣ 原料

苹果、柠檬 ······························· 各1 个
白菜 ······························· 100 克
冰块适量

## ● 做法

1. 将苹果洗净，去皮、去核，切块；将白菜叶洗净，卷成卷；柠檬洗净，连皮切成3块。
2. 将柠檬、白菜、苹果按顺序依次放入榨汁机中榨汁。
3. 将榨好的蔬果汁倒入杯中，加冰块即可。

## ✖ 功效解读

白菜性微寒，能够解渴利尿、通利肠胃；苹果是美容佳品，既能减肥，又可使皮肤润滑柔嫩；柠檬能利尿、杀菌。此款蔬果汁具有清热利尿、排毒养颜的功效。

⊕ 制作时间：5分钟　　✖ 制作成本：5元

# 草莓芹菜芒果汁

## ✿ 原料

草莓、芹菜 ·························· 各80 克
芒果···································· 3 个
冰块适量

## ● 做法

1. 将草莓洗净，去蒂；将芒果去皮、去核，取果肉；芹菜洗净。
2. 将草莓、芹菜和芒果一起放入榨汁机中榨汁。
3. 将榨好的蔬果汁倒入杯中，加冰块即可。

## ✖ 功效解读

草莓富含的维生素及果胶对改善便秘和治疗痔疮、高血压均有效果。此款蔬果汁为蔬果的综合汁，口味香甜，对小便短赤、暑热烦躁等有一定的疗效。

🕐 制作时间：8分钟　　✖ 制作成本：9元

---

# 西瓜香蕉蜜汁

## ✿ 原料

西瓜瓤、菠萝······················ 各70 克
香蕉···································· 1 根
苹果··································半个
碎冰、蜂蜜各适量

## ● 做法

1. 将菠萝去皮，切块；苹果洗净，去皮、去核，切成小块备用；香蕉去皮，切成小块。
2. 将西瓜、菠萝、香蕉、苹果、碎冰一起放入榨汁机中榨成汁。
3. 将榨好的果汁倒入杯中，加蜂蜜搅匀即可。

## ✖ 功效解读

西瓜含有大量水分，又含有磷酸、苹果酸、维生素与多种矿物质，具有较强的利尿作用；菠萝具有利尿和通便的效果，能促进新陈代谢、消除疲劳感。

🕐 制作时间：5分钟　　✖ 制作成本：6元

# 西红柿芹菜汁

**♣ 原料**

西红柿 ·············································· 2 个
芹菜 ··············································· 150 克
柠檬 ················································ 1 个
水 ················································· 240 毫升
冰糖适量

**● 做法**

1. 将西红柿洗净,切丁;芹菜洗净,切成小段;柠檬洗净,切片。
2. 将西红柿、芹菜、柠檬、冰糖和水放入榨汁机内搅打成汁即可。

**✖ 功效解读**

西红柿具有降压利尿、健胃消食、生津止渴、清热解毒的功效,且还有美容抗皱的效果。此款蔬果汁有清热、消食、生津、利尿的功效。

🕐 | 制作时间:5分钟　　✖ | 制作成本:7元

---

# 菠萝芹菜蜜汁

**♣ 原料**

菠萝 ··············································· 150 克
柠檬 ················································ 1 个
芹菜 ··············································· 100 克
水、冰块、蜂蜜各适量

**● 做法**

1. 将菠萝去皮,切块;将芹菜去叶,洗净,切小段;将柠檬洗净,对切后用压汁机压汁,备用。
2. 将菠萝、芹菜、水和冰块放入榨汁机榨汁。
3. 将两种蔬果汁和蜂蜜混合,搅匀即可。

**✖ 功效解读**

此款蔬果汁有排便、利尿的作用,对于排出体内的毒素有相当好的作用。

🕐 | 制作时间:6分钟　　✖ | 制作成本:5元

# 黄瓜柠檬蜜汁

## ♣ 原料

黄瓜···············································2 根
柠檬···············································半个
水、蜂蜜各适量

## ♠ 做法

1. 将黄瓜洗净，去蒂，用热水烫后备用；将柠檬洗净，切片。
2. 将黄瓜切碎，与柠檬、适量水一起放入榨汁机内榨成汁。
3. 将蔬果汁倒入杯中，加入蜂蜜搅匀即可。

## ✖ 功效解读

黄瓜具有清热、解暑、利尿的功效，而且富含维生素E，可起到延年益寿、抗衰老的作用；柠檬有利尿和杀菌的作用。故此款蔬果汁有清热利尿、排毒的功效。

🕐 制作时间：7分钟　　✖ 制作成本：5元

# 葡萄菠萝蜜奶

🕐 制作时间：9分钟　　✖ 制作成本：7元

## ♣ 原料

白葡萄·········································50 克
柳橙·············································半个
菠萝············································150 克
牛奶···········································30 毫升
碎冰、蜂蜜各适量

## ♠ 做法

1. 将白葡萄洗净，去皮、去籽；菠萝去皮，切块；柳橙洗净，对切。
2. 先将柳橙放入压汁机压汁；再将白葡萄、菠萝、牛奶放入榨汁机中榨汁。
3. 将两种蔬果汁倒入杯中混合，再加入碎冰和蜂蜜搅匀即可。

## ✖ 功效解读

葡萄有助消化、抗癌、延缓衰老、通利小便的功效；菠萝可助消化、利尿。故此款蔬果汁具有清热利尿、排毒养颜的功效。

# 玫瑰黄瓜饮

### ♣ 原料
黄瓜…………………………………… 2 根
西瓜………………………………… 350 克
鲜玫瑰花…………………………… 50 克
柠檬………………………………………半个
水、蜂蜜各适量

### ♠ 做法
1. 将西瓜去皮、去籽，切碎；玫瑰花洗净，备用；黄瓜洗净，切块；柠檬洗净。
2. 先将柠檬压汁，备用；再将黄瓜、西瓜、玫瑰花和水一起放入榨汁机榨汁。
3. 将两种蔬果汁倒入杯中混合，再加入蜂蜜搅匀即可。

### ✖ 功效解读
西瓜有利尿的作用，可促进新陈代谢；黄瓜具有清热解暑、利尿的功效，还能抗衰老；玫瑰花能够行气活血、美容养颜。故此款蔬果汁能清热解毒。

⊙ 制作时间：8分钟　　✖ 制作成本：7元

# 芒果橘子奶

### ♣ 原料
芒果…………………………………… 150 克
橘子………………………………………… 1 个
牛奶………………………………… 250 毫升

### ♠ 做法
1. 将芒果洗净，去皮、去核，切块；将橘子剥皮，去籽及内膜。
2. 将芒果、橘子和牛奶一起放入榨汁机内搅打成汁即可。

### ✖ 功效解读
此款蔬果汁能够舒缓眼部疲劳、改善视力；经常饮用，还具有止渴利尿、排毒养颜的效用。

⊙ 制作时间：5分钟　　✖ 制作成本：7元

# 草莓葡萄汁

## ✿ 原料

草莓·······························50 克
葡萄·······························40 克
酸奶··························· 200 毫升
蜂蜜适量

## ♦ 做法

1. 将草莓洗净，切块；将葡萄洗净，去籽。
2. 将草莓、葡萄和酸奶放入榨汁机内搅打成汁，倒出后加入蜂蜜搅匀即可。

## ✖ 功效解读

草莓、葡萄均含丰富的维生素C，葡萄皮更具有清除自由基的功效；酸奶可调节肠道菌群。此款蔬果汁具有增强体力、促进新陈代谢、消除疲劳、排毒养颜的功效。

🕐 制作时间：5分钟　　✖ 制作成本：7元

# 葡萄哈密牛奶汁

## ✿ 原料

葡萄·······························50 克
哈密瓜·······························60 克
牛奶··························· 200 毫升

## ♦ 做法

1. 将葡萄洗净，去籽；将哈密瓜洗净，去皮，切成小块。
2. 将葡萄、哈密瓜和牛奶一起放入榨汁机内搅打成汁即可。

## ✖ 功效解读

哈密瓜具有清热利尿的功效；葡萄有补益气血、通利小便的作用，可用于水肿、小便不利等病症的辅助治疗。长期饮用此款蔬果汁，可促进人体新陈代谢、利尿排毒。

🕐 制作时间：5分钟　　✖ 制作成本：7元

# 西瓜西红柿汁

### ☘ 原料

西瓜……………………………………200 克
橘子、西红柿…………………………各1 个
柠檬……………………………………半个
水………………………………………200 毫升
冰块适量

### ● 做法

1. 将西瓜洗净，去皮、去籽；橘子剥皮，去籽；西红柿洗净，切成大小适当的块；柠檬洗净，切片。
2. 将西瓜、橘子、西红柿、柠檬和水放入榨汁机中搅打成汁。
3. 将蔬果汁倒入杯中，加冰块即可。

### ✖ 功效解读

西瓜具有清热解毒、利尿消肿、解酒毒的功效。与橘子、西红柿、柠檬同时榨汁饮用，可促进身体新陈代谢、排毒养颜。

▶ 制作时间：8分钟　　✖ 制作成本：6元

# 草莓双笋汁

### ☘ 原料

芦笋……………………………………60 克
莴笋、草莓……………………………各150 克
柠檬……………………………………半个
水………………………………………250 毫升
碎花生米、冰块各适量

### ● 做法

1. 将草莓洗净，去蒂；芦笋洗净，切成小段；莴笋洗净，切成小块；柠檬洗净，切块。
2. 将草莓、莴笋、芦笋、柠檬、水和冰块一起放入榨汁机，搅打成汁。
3. 将榨好的蔬果汁倒入杯中，加入碎花生米即可饮用。

### ✖ 功效解读

芦笋营养丰富，有净化血液、利尿、降血压、保护血管的作用。故此款蔬果汁有排毒养颜的功效。

▶ 制作时间：8分钟　　✖ 制作成本：6元

# 香瓜蔬菜蜜汁

## ♣ 原料

香瓜·······························1个
卷心菜、西芹·····················各100克
蜂蜜·····························3汤匙

## ♠ 做法

1. 将香瓜洗净，对半切开，去皮、去籽，切成块；将西芹洗净，切段；将卷心菜洗净，切片。
2. 将香瓜、卷心菜和西芹放入榨汁机内榨汁。
3. 将蔬果汁倒入杯中，加蜂蜜调匀即可。

## ❈ 功效解读

卷心菜能促进消化、预防便秘；香瓜含有丰富的维生素及水分，能排除体内的毒素，促进新陈代谢；西芹有利尿的功效。此款蔬果汁风味独特，排毒效果显著。

🕐 制作时间：5分钟    ✖ 制作成本：6元

# 苹果西红柿酸奶汁

## ♣ 原料

西红柿·····························半个
苹果·······························1个
酸奶····························200毫升

## ♠ 做法

1. 将西红柿洗净，去蒂，切成小块；苹果洗净，去皮、去核，切成小块。
2. 将西红柿、苹果和酸奶放入榨汁机内搅打成汁即可。

## ❈ 功效解读

西红柿能助消化、解油腻、抗氧化；苹果能够清肠利尿、改善便秘。此款果蔬汁口感良好、风味独特，长期饮用可以改善便秘症状，有助于排出身体的毒素。

🕐 制作时间：5分钟    ✖ 制作成本：6元

# 西红柿山楂蜜汁

## ♣ 原料

西红柿 ························································· 1 个
山楂 ··········································································· 80 克
水 ······································································ 250 毫升
蜂蜜 ··········································································· 1 小匙

## ● 做法

1. 将西红柿洗净，去蒂，切成大小合适的块；
   山楂洗净，切成小块。
2. 将西红柿、山楂和水放入榨汁机内榨汁。
3. 将蔬果汁倒入杯中，加蜂蜜搅匀即可。

## ✖ 功效解读

西红柿富含多种维生素和矿物质，有增强人体
免疫力的作用，同时还有清热、消食、利尿等
功效；山楂消食健胃，行气散淤，化浊降脂。
此款蔬果汁品能够清热利尿、排毒养颜。

⊕ 制作时间：5分钟    ✖ 制作成本：4元

# 黑豆养生汁

## ♣ 原料

黑豆 ························································· 30 克
黑芝麻 ····················································· 20 克
水 ······················································· 200 毫升
红糖适量

## ● 做法

1. 将黑豆洗净，放入锅中煮熟，捞出备用。
2. 将黑豆和水放入榨汁机中搅打成泥，然后加
   入黑芝麻、红糖拌匀即可。

## ✖ 功效解读

黑豆可祛风除湿、调中下气、活血解毒、利
尿、明目；黑芝麻具有补肝肾、滋五脏、益精
血、润肠燥等功效，被视为滋补圣品。故此款
蔬果汁具有排毒养颜的功效。

⊕ 制作时间：15分钟    ✖ 制作成本：5元

# 橘芹西蓝花汁

## ♣ 原料

西蓝花 ……………………………… 100 克
苹果 ……………………………… 半个
橘子 ……………………………… 1 个
芹菜 ……………………………… 80 克
水 ……………………………… 200 毫升

## ♠ 做法

1. 将橘子剥皮，去籽；苹果洗净，去核，切块；芹菜洗净，切段；西蓝花洗净，切块。
2. 将橘子、西蓝花、芹菜和水放入榨汁机中榨成汁。
3. 将榨好的蔬果汁倒入杯中，加入苹果块即可。

## ✖ 功效解读

此款蔬果汁不仅可以保护眼睛、改善视力，还能降压安神、清热利尿。

🕐 制作时间：6分钟　✖ 制作成本：6元

# 黄芪李子果奶

## ♣ 原料

黄芪 ……………………………… 25 克
李子 ……………………………… 2 个
牛奶 ……………………………… 150 毫升
水、冰糖各适量

## ♠ 做法

1. 将黄芪用水煮开，再转小火煎20分钟后过滤，放凉，制成冰块备用；将李子洗净，切块。
2. 将李子、牛奶、冰糖、水和黄芪冰块一起放入榨汁机榨汁即可。

## ✖ 功效解读

黄芪有增强机体免疫功能、保肝利尿、降低血压的功效，不仅能改善心肌供血、提高免疫功能，而且能够延缓细胞衰老的进程。故此款蔬果汁可补气强身、利尿排毒、敛疮生肌。

🕐 制作时间：40分钟　✖ 制作成本：8元

# 茼蒿菠萝柠檬汁

### ♣ 原料
茼蒿、卷心菜、菠萝 ·····················各100 克
柠檬汁 ······································ 20 毫升
碎冰适量

### ♠ 做法
1. 将茼蒿和卷心菜均洗净，切成小片；将菠萝去皮，洗净，切块。
2. 将茼蒿、卷心菜和菠萝放入榨汁机中，搅打成汁。
3. 将榨好的蔬果汁倒入杯中，加入柠檬汁和碎冰调匀即可。

### ✖ 功效解读
茼蒿富含粗纤维有助肠道蠕动，能开胃消食、促进排便；卷心菜富含钾，有利尿、降低血压的功效。故此款蔬果汁能有效排除身体的毒素。

🕐 制作时间：5分钟　　✖ 制作成本：5元

---

# 菠萝蔬菜蜜汁

### ♣ 原料
黄甜椒 ······································20 克
菠萝 ········································50 克
胡萝卜 ······································100 克
生姜 ········································10 克
水、蜂蜜各适量

### ♠ 做法
1. 将菠萝去皮，切块，放入盐水中浸泡约10分钟；黄甜椒洗净，去籽，切粗条；胡萝卜洗净，去皮，切丁；生姜洗净，去皮，切块。
2. 将菠萝、黄甜椒、胡萝卜、水和生姜放入榨汁机中榨成汁。
3. 将蔬果汁倒入杯中，加入蜂蜜调匀即可。

### ✖ 功效解读
常饮此款蔬果汁，能够帮助身体正常排毒，并有预防便秘的效果。

🕐 制作时间：5分钟　　✖ 制作成本：5元

# 木瓜菠萝汁

## ♣ 原料
木瓜……………………………………1/4 个
菠萝…………………………………… 200 克
柠檬汁、水、冰块各适量

## ♠ 做法
1. 将木瓜和菠萝均去皮，切丁，备用。
2. 将木瓜、菠萝、冰块和水放入榨汁机中，搅打成汁即可。
3. 将打好的蔬果汁倒入杯中，加入柠檬汁调匀即可。

## ✖ 功效解读
木瓜对女性有美容的效果，因为它有很强的抗氧化能力，能消除体内有毒物质。此款蔬果汁含有丰富的膳食纤维，可降低饥饿感并补充营养，还可促进肠蠕动，让排便顺畅。

🕐 制作时间：5分钟　　✖ 制作成本：7元

---

# 小黄瓜苹果柳橙汁

## ♣ 原料
小黄瓜 ………………………………… 1 根
苹果……………………………………… 1 个
柳橙……………………………………半个
水、蜂蜜各适量

## ♠ 做法
1. 将小黄瓜洗净，切块；将苹果洗净，去皮、去核，切块；将柳橙洗净。
2. 先将柳橙放入压汁机压汁，备用；再将小黄瓜、苹果和水一起放入榨汁机榨成汁。
3. 将两种蔬果汁倒入杯中，加入蜂蜜调匀即可。

## ✖ 功效解读
小黄瓜具有利尿、清热解毒和减肥的功效；苹果和柳橙也含有丰富的维生素和膳食纤维，能够促进肠胃的蠕动。长期饮用此款蔬果汁，排毒效果更好。

🕐 制作时间：7分钟　　✖ 制作成本：6元

# 葡萄柚芹菜芦笋汁

🕐 制作时间：8分钟　　✖ 制作成本：6元

### ♣ 原料

西红柿 ·························· 3 个
葡萄柚 ·························· 半个
芹菜、芦笋 ················· 各100 克
苹果 ························· 1/4 个
水 ························· 200 毫升

### ● 做法

1. 将西红柿洗净，去皮；葡萄柚洗净；芹菜洗净，切段；芦笋洗净，切块；苹果洗净，去皮，切块。
2. 先将葡萄柚放入压汁机压汁，备用；再将西红柿、芹菜、芦笋、苹果和水一起放入榨汁机中榨汁。
3. 将两种蔬果汁倒入杯中混合即可。

### ✖ 功效解读

葡萄柚、芹菜和芦笋均含有丰富的膳食纤维及维生素，具有排毒、促进机体新陈代谢的作用；苹果则能够清热利尿、通肠利便。几者混合榨汁饮用，排毒瘦身效果更好。

爱心贴士

上午脾胃活动旺盛，晚餐后吃水果则不利于吸收，因此应在下午之前吃苹果。苹果富含糖类和钾盐，故肾炎和糖尿病患者不宜多食。

# 芦笋苦瓜汁

## ♣ 原料

芦笋···································· 150 克
苦瓜···································· 半根
水 ··································· 20 毫升

## ♦ 做法

1. 将芦笋洗净，切成块状；将苦瓜去瓤洗净，切成块状。
2. 将切好的芦笋、苦瓜和水一起放入榨汁机中榨汁即可。

## ✄ 功效解读

芦笋具有利尿的功效，能够排除体内毒素；苦瓜富含多种营养成分，能够增加免疫细胞的活性，清除体内的有害物质。两者搭配榨汁饮用，能够强化排毒瘦身的功效。

⏱ 制作时间：5分钟　　✄ 制作成本：4元

---

# 茼蒿卷心菜菠萝汁

## ♣ 原料

茼蒿································ 100 克
卷心菜、菠萝·················· 各50 克
水 ·································· 200 毫升

## ♦ 做法

1. 将茼蒿、卷心菜、菠萝均洗净，或切段、或切片、或切块。
2. 将切好的茼蒿、卷心菜、菠萝和水一起放入榨汁机中榨汁即可。

## ✄ 功效解读

茼蒿能通利小便、消除水肿、消食开胃，并且其所含粗纤维有助肠道蠕动，能促进排便；卷心菜能增进食欲、促进消化、预防便秘。故此款蔬果汁有良好的排毒功效。

⏱ 制作时间：5分钟　　✄ 制作成本：4元

# 西瓜皮菠萝牛奶汁

**❧ 原料**

西瓜皮、菠萝······························ 各50 克
牛奶··································· 200 毫升
碎冰适量

**◆ 做法**

1. 将西瓜皮洗净，切碎；将菠萝去皮，洗净，切成块状。
2. 将切好的西瓜皮、菠萝和牛奶一起放入榨汁机榨汁。
3. 将榨好的蔬果汁倒入杯中，加入碎冰搅匀即可。

**✖ 功效解读**

西瓜皮能够清暑解热、止渴、利小便；菠萝有消食、养颜瘦身的功效；牛奶能够增强肠胃的蠕动能力。故此款蔬果汁有利尿消肿、排毒瘦身、增强免疫力的功效。

🕐 制作时间：5分钟　　✖ 制作成本：5元

# 哈密瓜木瓜汁

**❧ 原料**

哈密瓜 ······························ 1/4 个
木瓜··································半个
水 ··································· 200 毫升
蜂蜜适量

**◆ 做法**

1. 将哈密瓜、木瓜均去皮、去瓤，切成块状。
2. 将切好的哈密瓜、木瓜和水一起放入榨汁机中榨汁。
3. 将榨好的果汁倒入杯中，加适量蜂蜜搅拌均匀即可。

**✖ 功效解读**

哈密瓜富含多种维生素和矿物质，有利小便、止渴、除烦热、降暑等作用；木瓜兼有食疗和美容的效果。此款蔬果汁能够消肿利尿、清热排毒。

🕐 制作时间：5分钟　　✖ 制作成本：5元

# 冬瓜生姜汁

♣ **原料**

冬瓜·······················50 克
生姜·······················10 克
水 ·······················200 毫升
蜂蜜适量

● **做法**

1. 将冬瓜洗净，去皮、去瓤，切成块状；将生姜洗净，切成块状。
2. 将切好的冬瓜、生姜放入榨汁机，再加入水榨成汁。
3. 将榨好的蔬果汁倒入杯中，加入适量蜂蜜搅匀即可。

✤ **功效解读**

冬瓜性微寒，味甘淡，能清热化痰、除胃热、除烦止渴，去湿解暑，利小便，消除水肿；生姜有很强的抗氧化和清除自由基作用。此款果汁能够清热解毒，消除水肿。

🕐 制作时间：5分钟    ✖ 制作成本：2元

# 西瓜苦瓜汁

♣ **原料**

西瓜·······················300 克
苦瓜·······················1 根

● **做法**

1. 将西瓜去皮、去籽，切成块状；将苦瓜洗净去瓤，切成块状。
2. 将切好的西瓜、苦瓜一起放入榨汁机中榨汁即可。

✤ **功效解读**

西瓜有消肿、利尿、排毒、改善新陈代谢的功能；苦瓜不仅能健脾开胃、增进食欲，亦能利尿活血、消炎退热、清心明目。故此款蔬果汁具有清热利尿、排毒瘦身的功效。

🕐 制作时间：5分钟    ✖ 制作成本：5元

# 草莓蜜桃苹果汁

## ♣ 原料

草莓·······························50 克
水蜜桃、苹果·····················各半个
七喜汽水·························100 毫升

## ● 做法

1. 将草莓洗净，去蒂；苹果洗净，去核，切块；水蜜桃洗净，去核，切块。
2. 将草莓、水蜜桃、苹果和七喜汽水一起放入榨汁机内，搅打均匀即可。

## ✖ 功效解读

草莓能利尿消肿、改善便秘症状；水蜜桃能活血、润肠、生津、养肝，经常食用可以强身健体、延年益寿。故此款蔬果汁具有清热利尿、排毒瘦身等功效。

⊙ 制作时间：5分钟　　✖ 制作成本：5元

---

# 樱桃草莓汁

## ♣ 原料

草莓·······························200 克
红葡萄·····························250 克
红樱桃·····························150 克
冰块适量

## ● 做法

1. 将葡萄洗净，去籽；樱桃洗净，去核；草莓洗净，去蒂，切块。
2. 将葡萄、草莓和樱桃一起放入榨汁机中榨成汁。
3. 将果汁倒入杯中，加入冰块搅匀即可。

## ✖ 功效解读

草莓能够促进消化、改善便秘症状；红葡萄能使肌肤细致、光滑美白；樱桃具有益气、健脾、和胃、消肿的功效。三者混合榨汁饮用，可增强清热解毒的功效。

⊙ 制作时间：5分钟　　✖ 制作成本：8元

# 西红柿芹菜酸奶汁

## ♣ 原料

西红柿 ······················· 1 个
芹菜 ······················· 50 克
酸奶 ······················· 300 毫升

## ● 做法

1. 将西红柿洗净，去蒂，切小块。
2. 将芹菜洗净，切碎。
3. 将西红柿、芹菜、酸奶一起放入榨汁机中榨汁，搅打均匀即可。

## ✖ 功效解读

西红柿具有健胃消食、生津止渴、清热解毒、凉血平肝的功效；芹菜具有清热、利尿、降压、降脂等功效。两者和酸奶一起榨汁，排毒功效更好。

🕐 制作时间：5分钟　　✖ 制作成本：7元

🕐 制作时间：5分钟　　✖ 制作成本：6元

# 芦笋苹果汁

## ♣ 原料

芦笋 ······················· 100 克
苹果 ······················· 1 个
生菜 ······················· 50 克
柠檬 ······················· 1/3 个
蜂蜜适量

## ● 做法

1. 将芦笋洗净，切块；生菜洗净，撕碎；苹果洗净，去皮、去核，切块；柠檬洗净，切片。
2. 将芦笋、苹果、生菜和柠檬放入榨汁机内榨成汁，倒入杯中，加蜂蜜搅匀即可。

## ✖ 功效解读

芦笋能够消除水肿、有利排尿；生菜有促进血液循环及养胃的功效。此款蔬果汁具有显著的排毒效果。

# 南瓜百合梨汁

## ♣ 原料

南瓜 ······························ 100 克
干百合 ···························· 20 克
梨 ································· 半个
牛奶 ····························· 200 毫升
冰水、蜂蜜各适量

## ♠ 做法

1. 将南瓜洗净，去籽，切块；干百合泡发，洗净；梨洗净，去皮、去核，切成块。
2. 先将南瓜与百合放在一起煮熟；然后和梨、牛奶一起放入榨汁机中搅打成汁。
3. 滤出果肉，将蔬果汁倒入杯中，加入适量冰水和蜂蜜搅匀即可。

## ✖ 功效解读

南瓜能够治疗便秘，并有利尿、美容等作用；干百合有润肺止咳、清热解毒、促进血液循环等功效；梨有利尿、通便的作用。故此款蔬果汁有良好的排毒功效。

🕐 制作时间：20分钟　　✖ 制作成本：8元

---

# 黄瓜苹果菠萝汁

## ♣ 原料

黄瓜 ······························ 半根
菠萝 ····························· 150 克
苹果 ······························ 半个
生姜 ······························ 10 克
柠檬 ····························· 1/4 个
冰块、蜂蜜各适量

## ♠ 做法

1. 苹果洗净，去皮、去核，切块；黄瓜、菠萝均洗净，去皮后切块；生姜洗净，切片。
2. 先将柠檬洗净后榨汁，备用。
3. 再将苹果、菠萝、黄瓜和生姜放进榨汁机中榨汁，倒出后加入柠檬汁即可。

## ✖ 功效解读

苹果、黄瓜、菠萝均富含维生素和矿物质，能够加强人体的新陈代谢。将它们和生姜放在一起榨汁，排毒的功效会更好。

🕐 制作时间：7分钟　　✖ 制作成本：6元

# 胡萝卜柳橙汁

### ♣ 原料
胡萝卜·······································80 克
柳橙·············································1 个
蜂蜜适量

### ♦ 做法
1. 将胡萝卜洗净，切成片；柳橙剥皮，切块。
2. 将胡萝卜、柳橙放入榨汁机中榨成汁。
3. 将蔬果汁倒入杯中，加蜂蜜搅匀即可。

### ✖ 功效解读
此款蔬果汁富含膳食纤维，以及多种维生素和矿物质，清热利尿、排毒的效果较强。适合肥胖者饮用。

制作时间：5分钟　　制作成本：4元

# 双芹菠菜汁

### ♣ 原料
芹菜、胡萝卜·························各100 克
西芹·············································20 克
菠菜·············································80 克
水、柠檬汁各适量

### ♦ 做法
1. 将芹菜、西芹、菠菜均洗净，切成小段；胡萝卜洗净，削皮，切成小块。
2. 将上述所有原料和水一起放入榨汁机中榨成汁，倒出后加入柠檬汁，搅匀即可。

### ✖ 功效解读
芹菜和菠菜富含的粗纤维可以促进肠道蠕动，达到通便的效果；胡萝卜含有的多种维生素和矿物质可以使营养更加全面。故此款蔬果汁具有排毒瘦身的功效。

制作时间：8分钟　　制作成本：6元

# 黄瓜生菜冬瓜汁

### ♣ 原料

黄瓜····································· 1 根
冬瓜、生菜叶···················· 各40 克
柠檬··································· 1/4 个
菠萝··································· 100 克
冰水································· 150 毫升

### ● 做法

1. 将柠檬、菠萝均洗净，去皮，切块；黄瓜、生菜叶洗净，切碎；冬瓜去皮、去籽，洗净，切块。
2. 将所有蔬果放入榨汁机，加入冰水一起搅打成汁，滤出果肉即可。

### ✖ 功效解读

冬瓜具有很高的营养价值，并且有消肿利尿、清热解暑的作用；生菜也有利尿、促进血液循环、清肝利胆及养胃的功效。此款蔬果汁具有清热利尿、排毒瘦身的功效。

⏱ 制作时间：10分钟　✖ 制作成本：6元

# 牛蒡芹菜汁

### ♣ 原料

牛蒡··································· 50 克
芹菜··································· 150 克
水··································· 200 毫升
蜂蜜适量

### ● 做法

1. 将牛蒡洗净，去皮，切块；将芹菜洗净，去叶，茎切段。
2. 将牛蒡、芹菜与水一起放入榨汁机中榨汁。
3. 将榨好的蔬果汁倒入杯中，加入蜂蜜搅匀即可。

### ✖ 功效解读

牛蒡有抗衰老和清除氧自由基的作用；芹菜有消肿利尿、凉血止血、解毒、清肠利便的功效；蜂蜜能够润肠通便。故此款蔬果汁具有清热利尿、排毒的功效。

⏱ 制作时间：7分钟　✖ 制作成本：5元

# 土豆胡萝卜柠檬汁

♣ 原料

土豆·····································半个
胡萝卜·································100 克
柠檬水·································350 毫升
白糖适量

♠ 做法

1. 将土豆洗净，去皮，切丝，汆烫后捞起，以冰水浸泡；胡萝卜洗净，切块。
2. 将土豆丝、胡萝卜和白糖一起放入榨汁机中，再加柠檬水搅打成汁即可。

✖ 功效解读

胡萝卜能够健胃消食，还有杀菌的作用；土豆有解毒消肿、增强免疫力的功效，同时能够促进肠胃蠕动，通便排毒。此款蔬果汁具有排毒瘦身的功效，而且容易使人产生饱腹感，有利于减肥。

🕐 制作时间：14分钟    ✖ 制作成本：5元

# 南瓜香蕉牛奶

♣ 原料

南瓜·····································60 克
香蕉·····································1 根
牛奶·····································200 毫升

♠ 做法

1. 将香蕉去皮，切块。
2. 将南瓜洗净，去皮，切块，放入锅中煮熟，捞出晾凉。
3. 把香蕉、南瓜和牛奶放入榨汁机内，搅打成汁即可。

✖ 功效解读

南瓜富含的果胶有很好的吸附性，能消除体内细菌毒素和其他有害物质；香蕉能促进肠胃蠕动，可润肠通便。此款蔬果汁具有解毒、通便的功效，利于减肥瘦身。

🕐 制作时间：12分钟    ✖ 制作成本：8元

# 菠萝山药枸杞蜜汁

## ♣ 原料

山药……………………………………35 克
菠萝……………………………………50 克
枸杞子…………………………………30 克
蜂蜜适量

## ● 做法

1. 将山药洗净，去皮，切段；菠萝去皮，洗净，切块；枸杞子洗净。
2. 将山药、菠萝和枸杞子倒入榨汁机中榨汁。
3. 将蔬果汁倒入杯中，加蜂蜜搅匀即可。

## ✖ 功效解读

山药有助消化、滋肾益精的功效；菠萝和蜂蜜均有促进肠胃蠕动的功效；枸杞子可滋补肝肾，益精明目。此款蔬果汁不仅有清热利尿的功效，还能补益身体。

🕐 制作时间：8分钟　　✖ 制作成本：6元

---

# 山药橘子苹果汁

## ♣ 原料

冰水……………………………………100 毫升
牛奶……………………………………200 毫升
山药、橘子、菠萝、苹果、杏仁各适量

## ● 做法

1. 将山药、菠萝去皮后切块；将橘子去皮、去籽；苹果去皮、去核，切块。
2. 将山药、橘子、菠萝、苹果、杏仁、牛奶和冰水一起放入榨汁机中搅打成汁，滤出果肉即可。

## ✖ 功效解读

橘子富含膳食纤维和果胶，有排毒、降低胆固醇和通便的作用；杏仁能止咳平喘、润肠通便。二者与山药、菠萝、苹果、牛奶一起榨汁饮用，营养全面，有润肠通便、排毒的效果。

🕐 制作时间：11分钟　　✖ 制作成本：16元

# 柠檬青甜椒柚子汁

## ♣ 原料

柠檬、青甜椒·····················各1个
白萝卜··························50 克
柚子···························半个

## ♦ 做法

1. 将柠檬洗净，带皮切块；柚子去皮、去籽；青甜椒和白萝卜均洗净，切块。
2. 先将柠檬和柚子榨汁，再将青甜椒和白萝卜放入榨汁机中榨汁。
3. 将两种蔬果汁倒入杯中，混合搅匀即可。

## ✖ 功效解读

青甜椒有开胃消食的功效；柚子具有健胃、清肠、利便等功效；柠檬可以促进消化，并缓解风湿和肠道疾病。把它们一起榨汁饮用，利尿排毒的效果更好。

⏱ 制作时间：9分钟　　✖ 制作成本：5元

---

⏱ 制作时间：8分钟　　✖ 制作成本：6元

# 葡萄牛蒡梨汁

## ♣ 原料

葡萄····························100 克
梨······························1 个
牛蒡····························60 克
柠檬····························半个
冰块适量

## ♦ 做法

1. 将柠檬洗净，带皮切块；葡萄洗净，去籽；梨去皮、去核，切块；牛蒡洗净，切条。
2. 将柠檬、葡萄、梨、牛蒡一起放入榨汁机，榨成汁。
3. 将榨好的蔬果汁倒入杯中，加入冰块即可。

## ✖ 功效解读

此款蔬果汁不仅能清热利尿、排毒瘦身，而且还具有消除疲劳的功效。

# 柠檬牛蒡柚子汁

### ♣ 原料
柠檬………………………………………… 1个
牛蒡……………………………………… 100 克
柚子……………………………………………半个
冰块适量

### ● 做法
1. 将柠檬洗净，带皮切块；将牛蒡洗净，切块；将柚子去皮，切块。
2. 将柠檬、柚子和牛蒡放进榨汁机中榨成汁。
3. 将蔬果汁倒入杯中，加冰块搅匀即可。

### ✖ 功效解读
柠檬富含维生素，具有清热利尿的作用；柚子含有大量膳食纤维，具有清肠利便等功效。二者和牛蒡一起榨汁饮用，不但营养丰富，还能调节肠胃功能，排毒瘦身。

🕒 制作时间：7分钟　　✖ 制作成本：6元

# 柠檬芥菜蜜柑汁

### ♣ 原料
柠檬、蜜柑 …………………………… 各1 个
芥菜叶 …………………………………… 80 克

### ● 做法
1. 将柠檬洗净，连皮切成3块；蜜柑剥皮后去籽；芥菜叶洗净。
2. 将蜜柑用芥菜叶包裹起来，与柠檬一起放入榨汁机内，榨成汁即可。

### ✖ 功效解读
柠檬有消食的功效；芥菜不仅能解毒消肿，而且有宽肠通便的作用；蜜柑有理气化痰、健胃除湿的功效。此款蔬果汁具有较好的排毒和瘦身效果。

🕒 制作时间：6分钟　　✖ 制作成本：5元

# 葡萄芜菁梨汁

## ♣ 原料

葡萄·······················150 克
芜菁·························50 克
梨·····························1 个
柠檬·························半个
冰块适量

## ● 做法

1. 将葡萄剥皮，去籽；将芜菁的叶和根洗净，切开；梨洗净，去皮、去核，切块；柠檬洗净，切片。
2. 先将葡萄用芜菁叶包裹，放入榨汁机；再将芜菁的根、柠檬、梨一起放入榨汁机中榨成汁。
3. 将蔬果汁倒入杯中，加冰块搅匀即可。

## ✖ 功效解读

此款蔬果汁营养丰富，不仅能为人体提供多种营养物质，而且还具有清热利尿、排毒瘦身的功效。

⏱ 制作时间：10分钟　　✖ 制作成本：7元

---

⏱ 制作时间：9分钟　　✖ 制作成本：7元

# 葡萄萝卜贡梨汁

## ♣ 原料

葡萄·······························120 克
白萝卜·····························200 克
贡梨·································1 个

## ● 做法

1. 将葡萄洗净，去皮、去籽；贡梨洗净，去皮、去核，切块；将白萝卜洗净，切块。
2. 将葡萄、白萝卜和贡梨放入榨汁机内，榨成汁即可。

## ✖ 功效解读

葡萄有滋阴补血、强健筋骨、通利小便的功效；贡梨生津止渴，也有通便的功效；白萝卜富含维生素。此款蔬果汁营养丰富，可清热利尿。

# 葡萄冬瓜香蕉汁

## ♣ 原料

葡萄·····················150 克
冬瓜·······················50 克
香蕉························1 根
柠檬························半个

## ● 做法

1. 将葡萄洗净，去皮、去籽；冬瓜去皮、去籽，切块；香蕉剥皮，切块；柠檬洗净，切片。
2. 先用榨汁机将葡萄和冬瓜榨成汁；再将香蕉、柠檬放入榨汁机榨汁。
3. 将两种果汁倒入杯中混合，搅匀即可。

## ✖ 功效解读

冬瓜有消炎、利尿、消肿的功效；香蕉可润肠通便。将二者与葡萄一起榨汁饮用，排毒效果更好，适合减肥瘦身者饮用。

制作时间：13分钟　　制作成本：6元

---

# 草莓虎耳草菠萝汁

## ♣ 原料

草莓、菠萝 ··············各100 克
虎耳草（嫩叶）············3 片
柠檬·······················1 个
冰块适量

## ● 做法

1. 将草莓洗净，去蒂；虎耳草洗净；菠萝去皮，洗净，切块；柠檬洗净，连皮切成3块。
2. 将草莓、虎耳草、菠萝、柠檬放进榨汁机中榨成汁。
3. 将榨好的蔬果汁倒入杯中，加冰块即可。

## ✖ 功效解读

虎耳草性寒，味微苦、辛，有小毒，具有祛风清热、凉血解毒的功效。将虎耳草和草莓、菠萝一起榨汁，清热解毒的效果更好。

制作时间：6分钟　　制作成本：8元

# 芭蕉生菜西芹汁

### ✤ 原料

芭蕉 ························· 3 个
生菜、西芹 ··············· 各100 克
柠檬 ······················· 半个
蜂蜜适量

### ● 做法

1. 将芭蕉去皮；生菜洗净，撕片；西芹洗净，切段；柠檬洗净，切片。
2. 将芭蕉、生菜、西芹和柠檬放入榨汁机中榨成汁。
3. 将蔬果汁倒入杯中，加蜂蜜搅匀即可。

### ✖ 功效解读

芭蕉可治疗便秘；生菜有清热、利尿、清肝利胆的功效；西芹亦有健胃、利尿的功效。故此款蔬果汁具有排毒瘦身、清热利尿的功效。

🕐 制作时间：6分钟　　✖ 制作成本：7元

---

# 橘子姜蜜汁

### ✤ 原料

橘子 ······················· 2 个
生姜 ······················· 10 克
蜂蜜 ······················· 2 小匙
水 ························· 200 毫升

### ● 做法

1. 将橘子剥皮，掰成小块；生姜洗净，切片。
2. 将橘子、生姜放入榨汁机内，再加入水榨成汁。
3. 将蔬果汁倒入杯中，加入蜂蜜搅匀即可。

### ✖ 功效解读

橘子富含果胶，有排毒、降低胆固醇的功效；蜂蜜有润肠通便的作用；生姜亦具有解毒的功效。此款蔬果汁除了能够排毒瘦身，还能美容养颜。

🕐 制作时间：5分钟　　✖ 制作成本：5元

# 03

# 消脂瘦身，让脂肪没有藏身之地

　　脂肪是人体组织的重要构成部分，能够为人体机能的正常运转提供热量，但脂肪摄入过量则会导致肥胖，甚至引发一些慢性病。简而言之，减肥瘦身的本质就是减少脂肪。也许你的身边有这样一些人，他们该吃吃、该喝喝，但就是不会发胖。这是为什么呢？难道减肥和享受美食真的不能兼得吗？本章带来的43款蔬果汁就可以使你在不刻意节食的同时，又能去掉脂肪，减肥成功。

# 蜂蜜枇杷果汁

## ♣ 原料

枇杷··················································150 克
香瓜··················································1/4 个
菠萝··················································100 克
蜂蜜····················································2 汤匙
水··················································150 毫升

## ♠ 做法

1. 将香瓜洗净，去皮，切成小块；菠萝去皮，切块；枇杷洗净，去皮。
2. 将枇杷、香瓜和菠萝放入榨汁机内，再加水榨成汁。
3. 将蔬果汁倒入杯中，加入蜂蜜调匀即可。

## ✖ 功效解读

香瓜能止渴利尿；菠萝有促进消化、养颜瘦身的功效；蜂蜜能润肠通便。此款蔬果汁能够美白消脂，润肤丰胸，是纤体的最佳饮品之一。

⊕ 制作时间：5分钟　　✖ 制作成本：7元

---

# 麦片木瓜奶昔

## ♣ 原料

麦片··················································15 克
木瓜····················································半个
脱脂牛奶··············································100 毫升

## ♠ 做法

1. 将木瓜洗净，去皮、去核，切成小块。
2. 将麦片、木瓜和牛奶拌匀后放入榨汁机内，以慢速搅打30秒，倒出即可饮用。

## ✖ 功效解读

麦片富含纤维素和蛋白质，脂肪含量较少；牛奶含有多种人体所需的矿物质和氨基酸；木瓜具有助消化、消暑解渴的功效。此款蔬果汁能提供多种营养成分，是养颜瘦身的佳品。

⊕ 制作时间：5分钟　　✖ 制作成本：6元

# 草莓柳橙蜜汁

♣ 原料

草莓·······················150 克
柳橙·························1 个
牛奶·······················90 毫升
蜂蜜·························3 汤匙
碎冰适量

♦ 做法

1. 草莓洗净，去蒂，切成块；将柳橙洗净，对切后压汁。
2. 将草莓、牛奶、蜂蜜和柳橙汁放入榨汁机内，高速搅打30秒。
3. 将蔬果汁倒入杯中，加入碎冰即可。

✖ 功效解读

草莓含有人体必需的多种营养素，能够分解脂肪、利尿消肿、改善便秘；柳橙含有丰富的膳食纤维，能够降血脂。此款蔬果汁具有美白消脂的功效。

🕐 制作时间：7分钟　　✖ 制作成本：8元

# 黄瓜苹果汁

♣ 原料

黄瓜·························2 根
苹果·························1 个
柠檬·························半个

♦ 做法

1. 将黄瓜洗净，切成小块；苹果洗净，去皮、去核，切块；柠檬洗净，切成片。
2. 将黄瓜、苹果和柠檬一起放入榨汁机中榨汁即可。

✖ 功效解读

黄瓜有利尿消肿、美容瘦身的功效；苹果中的果胶能促进胆固醇代谢，降低胆固醇含量、促进脂肪排出。此款蔬果汁能够润滑皮肤，保持身材苗条。

🕐 制作时间：5分钟　　✖ 制作成本：5元

# 苹果柠檬汁

♣ 原料

苹果、柠檬 ……………………………………… 各半个
水 ………………………………………………… 60 毫升
碎冰适量

♠ 做法

1. 将苹果洗净，去皮、去核，切成小块；柠檬洗净。
2. 先将柠檬压汁；再将苹果和水一起放入榨汁机中榨汁。
2. 将两种蔬果汁倒入杯中混合，再加入碎冰，搅匀即可。

✖ 功效解读

苹果能开胃消食、降血脂，有利于减肥；柠檬中的柠檬酸具有消除皮肤色素沉着的作用。故此款蔬果汁即能排毒瘦身，又能美白肌肤。

⊙ 制作时间：6分钟　　✖ 制作成本：5元

# 苹果酸奶蜜汁

♣ 原料

苹果 …………………………………………………… 1 个
原味酸奶 …………………………………………… 60 毫升
蜂蜜 …………………………………………………… 3 小匙
水 …………………………………………………… 80 毫升
碎冰适量

♠ 做法

1. 将苹果洗净，去皮、去核，切成小块。
2. 将苹果、酸奶放入榨汁机内，再加入水，高速搅打30秒。
3. 将打好的蔬果汁倒入杯中，加入碎冰和蜂蜜调匀即可。

✖ 功效解读

苹果能够有效降低血液中胆固醇的含量，并能调理肠胃功能；酸奶富含的乳酸菌能有效抑制肠内腐败菌繁殖和有害物质产生。此款蔬果汁具有降血脂和减肥的双重功效。

⊙ 制作时间：5分钟　　✖ 制作成本：6元

# 山药苹果酸奶汁

**✿ 原料**

新鲜山药······················200 克
苹果····························· 1 个
酸奶························150 毫升
核桃仁适量

**◑ 做法**

1. 将山药洗干净，削皮，切成小块；苹果洗干净，去皮、去核，切成小块。
2. 将山药、苹果和酸奶放入榨汁机内榨成汁。
3. 将蔬果汁倒入杯中，撒上核桃仁即可。

**✖ 功效解读**

山药具有助消化、敛虚汗的功效；与苹果和酸奶搭配榨汁，具有消脂、抗衰老的作用。

🕐 制作时间：5分钟　　✖ 制作成本：7元

# 香蕉苦瓜苹果汁

**✿ 原料**

香蕉····························· 1 根
苦瓜····························· 1 个
苹果·························· 1/4 个
水··························100 毫升

**◑ 做法**

1. 将香蕉去皮，切成块；苹果洗净，去皮、去核，切块；苦瓜洗净，去籽，切块。
2. 将香蕉、苹果和苦瓜一起放入榨汁机内，再加水搅打成汁即可。

**✖ 功效解读**

香蕉富含的膳食纤维能促进脂肪和胆固醇的分解，进而达到纤体效果；苦瓜清热败火，能降低血糖；苹果有助于改善肠胃功能。此款蔬果汁营养丰富，适合减肥者长期饮用。

🕐 制作时间：5分钟　　✖ 制作成本：5元

# 哈密瓜柳橙汁

### ♣ 原料
哈密瓜 ·························40 克
柳橙 ·····························1 个
牛奶 ·························90 毫升
蜂蜜 ·························1 小匙
碎冰适量

### ♦ 做法
1. 将哈密瓜洗净，去皮、去籽，切小块。
2. 将柳橙洗净，对半切开后压汁，备用。
3. 将哈密瓜块、柳橙汁、牛奶放入榨汁机内，高速搅打30秒。
4. 将蔬果汁倒入杯中，加入蜂蜜和碎冰，搅匀即可。

### ✖ 功效解读
哈密瓜含有丰富的天然抗氧化剂，能有效对抗日晒，此外还有生津止渴、清热解燥的作用；柳橙能消食开胃，降低血脂。此款蔬果汁能够改善肤质、消脂瘦身。

🕐 制作时间：7分钟　　✖ 制作成本：6元

# 甜椒西芹苹果汁

### ♣ 原料
青苹果、甜椒 ·················各1 个
菠萝、草莓 ···················各50 克
西芹 ·························120 克
水 ·························100 毫升

### ♦ 做法
1. 将苹果洗净，去皮、去核，切块；将菠萝去皮，切块；将甜椒、西芹、草莓均洗净，切块。
2. 将所有的蔬果一起放入榨汁机内，再加水榨成汁即可。

### ✖ 功效解读
此款蔬果汁由多种蔬果搭配而成，能为人体提供多种营养物质，不仅具有消脂减肥的功效，而且还能护肤、抗衰老。

🕐 制作时间：6分钟　　✖ 制作成本：6元

# 胡萝卜苹果汁

♣ 原料

胡萝卜 ·············································· 150 克
苹果 ··················································· 1 个
柠檬 ···················································半个
水 ·············································· 250 毫升

● 做法

1. 将胡萝卜洗净，去皮，切小块；苹果洗净，
   去皮、去核，切小块；柠檬洗净，切片。
2. 将胡萝卜、苹果和柠檬一起放入榨汁机内，
   再加入水搅打成汁即可。

✖ 功效解读

胡萝卜和苹果都含有丰富的膳食纤维，有助于
降低血液中的胆固醇含量，抑制人体对脂肪的
吸收。故此款蔬果汁适合肥胖患者长期饮用。

⊙ 制作时间：5分钟　　✖ 制作成本：6元

消脂瘦身，让脂肪没有藏身之地

# 芝麻蜂蜜豆浆

♣ 原料

芝麻酱 ············································1 小匙
豆浆 ········································· 250 毫升
蜂蜜适量

● 做法

1. 将芝麻酱、豆浆放入容器中搅拌均匀。
2. 在搅拌好的蔬果汁中加入蜂蜜，搅匀即可。

✖ 功效解读

芝麻含有卵磷脂、胆碱、肌糖等防止人体发胖
的物质，而且芝麻具有润肠通便、排毒的功
效。豆浆富含纤维素，能有效阻止糖的过量吸
收。故此款蔬果汁具有消脂减肥的功效。

⊙ 制作时间：5分钟　　✖ 制作成本：3元

7

# 芦荟柠檬果汁

### ♣ 原料

芦荟·································· 120 克
柠檬····································· 1 个
胡萝卜································· 70 克
冰块适量

### ♦ 做法

1. 将芦荟洗净，削皮；将柠檬洗净，切片；将胡萝卜洗净，切块。
2. 将芦荟、柠檬和胡萝卜放入榨汁机榨汁。
3. 将蔬果汁倒入杯中，加冰块搅匀即可。

### ✖ 功效解读

此款蔬果汁能够调节人体脂肪代谢以及胃肠系统的功能。此外，还能营养、滋润、美白皮肤。

⊕ 制作时间：5分钟　　✖ 制作成本：6元

# 橘子蜂蜜豆浆

### ♣ 原料

橘子····························· 2 个
豆浆·························· 200 毫升
冰块、蜂蜜各适量

### ♦ 做法

1. 将橘子剥皮，去籽。
2. 将橘子、豆浆、冰块一起放入榨汁机中榨汁。
3. 将蔬果汁倒入杯中，加蜂蜜搅匀即可。

### ✖ 功效解读

橘子和豆浆都能使人体减少对胆固醇的吸收。故此款蔬果汁能够消脂瘦身，适合肥胖及老年人饮用。

⊕ 制作时间：6分钟　　✖ 制作成本：5元

# 苹果西红柿汁

## ♣ 原料
苹果、西红柿……………………………各2 个
水 …………………………………… 50 毫升
柠檬汁 ……………………………………5 毫升
蜂蜜………………………………………1 小匙

## ♠ 做法
1. 将苹果洗净，去皮、去核，切小块；西红柿洗净，去蒂，切小块。
2. 将苹果和西红柿放入榨汁机，再加入水搅打成汁，滤渣后倒入杯中。
3. 在蔬果汁中加入柠檬汁和蜂蜜，调匀即可。

## ✖ 功效解读
苹果和西红柿均有健胃消食、缓解便秘的功效。故此款蔬果汁能消脂瘦身。

🕒 制作时间：5分钟    ✖ 制作成本：5元

🕒 制作时间：5分钟    ✖ 制作成本：6元

# 甜椒菠萝葡萄柚汁

## ♣ 原料
甜椒…………………………………………… 1 个
菠萝………………………………………… 120 克
葡萄柚 ……………………………………… 1/4 个
水 ………………………………………… 200 毫升

## ♠ 做法
1. 将甜椒洗净，剖开，去籽、去蒂，切小块；菠萝去皮，洗净，切小块。
2. 先将葡萄柚放入压汁机中压汁；再将甜椒、菠萝和水一起放入榨汁机中榨汁。
3. 将两种蔬果汁倒入杯中混合，搅匀即可。

## ✖ 功效解读
甜椒含有辣椒素，能够促进脂肪的新陈代谢，防止体内脂肪积存；菠萝含有的菠萝蛋白酶，能够分解蛋白质、稀释血脂、防止脂肪沉积。故此款蔬果汁消脂瘦身的效果十分强大。

# 生菜菠萝汁

**原料**

生菜、菠萝······························各50 克
牛蒡···································20 克
水·································120 毫升
冰块·································100 克
蜂蜜·································2 小匙

**做法**

1. 将生菜剥下叶片，洗净，切丝；菠萝和牛蒡去皮，切丁，再将菠萝放入盐水中浸泡10分钟后捞出。
2. 将生菜、牛蒡和菠萝放入榨汁机中，再加入水搅打成汁。
3. 将蔬果汁倒入杯中，加入冰块和蜂蜜，搅匀即可。

**功效解读**

牛蒡含有的牛蒡菊糖与膳食纤维，有改善便秘、排毒等作用；菠萝中的菠萝蛋白酶能够分解蛋白质、减少脂肪堆积。

# 洋葱菠萝猕猴桃汁

**原料**

洋葱···································30 克
猕猴桃································1 个
菠萝···································100 克
水···································100 毫升
碎冰、蜂蜜各适量

**做法**

1. 洋葱去皮，洗净，切块，放入微波炉加热2分钟，取出晾凉。
2. 将猕猴桃和菠萝去皮，洗净，切块，放入榨汁机中，再加入水、洋葱和碎冰搅打成汁。
3. 将蔬果汁倒入杯中，加蜂蜜调匀即可。

**功效解读**

洋葱能够清除体内毒素，使肌肤变得光洁，并且能促进脂肪燃烧，降低血糖；菠萝能够防止体内脂肪堆积。故此款蔬果汁瘦身效果明显，且具有美容功效。

制作时间：8分钟　　　　制作成本：5元

# 葡萄柚杨梅汁

## 🍀 原料

葡萄柚 ························· 1 个
杨梅 ························· 4 个
水 ························· 200 毫升

## 🍶 做法

1. 将葡萄柚去皮，切成块状；将杨梅洗净，去核。
2. 将葡萄柚、杨梅放入榨汁机中，再加入水榨汁即可。

## ✖ 功效解读

葡萄柚中含有宝贵的天然维生素P，可以增强皮肤及毛孔的功能；杨梅中含有类似辣椒素的成分，可以加速脂肪燃烧。此款蔬果汁能减少脂肪囤积，养颜瘦身效果显著。

🕐 制作时间：6分钟　　✖ 制作成本：5元

# 木瓜牛奶汁

## 🍀 原料

木瓜 ·························半个
牛奶 ························· 200 毫升

## 🍶 做法

1. 将木瓜洗净，去皮、去瓤，切成块状。
2. 将切好的木瓜和牛奶一起放入榨汁机榨汁，榨好后倒入杯中即可饮用。

## ✖ 功效解读

木瓜中含有的木瓜蛋白酶等成分能够帮助分解人体内的蛋白质、糖类和脂肪，尤其在清宿便、排肠毒和分解腰腹部脂肪方面效果显著。故此款蔬果汁具有较强的消脂减肥功效。

🕐 制作时间：4分钟　　✖ 制作成本：6元

# 冬瓜香蕉酸奶汁

🕐 制作时间：10分钟　　✄ 制作成本：7元

🍀 原料

香蕉·····························1根

冬瓜·····························50克

原味酸奶·····················240毫升

🥄 做法

1. 将香蕉去皮，切块。
2. 将冬瓜去皮，洗净，切块，再放入电饭锅蒸

熟，晾凉备用。
3. 将香蕉和冬瓜块放入榨汁机中，再加入
   酸奶打成汁，倒入杯中即可饮用。

✄ 功效解读

冬瓜和香蕉均富含维生素C和钾，能够帮助肾脏排毒，调降血压；冬瓜中的丙醇二酸具有抑制糖类转化为脂肪的作用。故此款蔬果汁具有降血脂、消脂瘦身的功效，适合肥胖和心血管疾病患者饮用。

爱心贴士

冬瓜是一种药食两用瓜类蔬菜，有清肺化痰、祛湿解暑、利尿通便、消除水肿等功效。但脾胃虚寒、易泄泻者应慎食；久病者、阳虚肢冷者则忌食冬瓜。

# 香蕉无花果汁

🍀 原料

梨 ·····································1 个
无花果 ·····························50 克
香蕉···································1 根
豆浆适量

🌢 做法

1. 将梨洗净，去皮、去核，切块；无花果洗
   净，对切两半；香蕉剥皮，切块。
2. 将梨、无花果和香蕉放入榨汁机内，再加入
   豆浆榨汁即可。

✂ 功效解读

梨含有多种营养成分，有生津止渴、宽肠利尿
等作用；无花果具有健胃清肠、消肿解毒的功
效；香蕉能促进肠胃蠕动、润肠通便。此款蔬
果汁热量较低，适合肥胖者减肥期间饮用。

🕐 制作时间：5分钟　　✂ 制作成本：6元

# 贡梨柠檬酸奶汁

🍀 原料

贡梨、柠檬 ·······················各1 个
酸奶·······························150 毫升

🌢 做法

1. 将贡梨洗净，去皮、去籽，切成小块；将柠
   檬洗净，切片。
2. 将贡梨、柠檬放入榨汁机中榨成汁。
3. 将果汁倒入杯中，加酸奶搅匀即可。

✂ 功效解读

贡梨具有清心润肺、利尿通便的功效；柠檬能
够防止和消除皮肤色素沉着，具有美白作用；
酸奶能改善肠道菌群，可以促进人体新陈代
谢。故此款蔬果汁口感独特，是女士们美容养
颜、减肥瘦身的佳品。

🕐 制作时间：4分钟　　✂ 制作成本：7元

# 贡梨双果汁

**❧ 原料**

火龙果……………………………………50 克
青苹果、贡梨………………………………各1 个

**● 做法**

1. 将火龙果去皮，切成小块；将青苹果和贡梨
   均洗净，去皮、去核，切小块。
2. 将火龙果、青苹果、贡梨放入榨汁机中，榨
   出汁即可。

**✖ 功效解读**

火龙果富含膳食纤维和维生素，虽然糖分较
高，但都是极易消耗的葡萄糖；青苹果几乎不
含脂肪，且热量极少，富含的苹果酸能使体内
脂肪有效分解。故此款蔬果汁具有消脂瘦身的
功效。

⊕ 制作时间：5分钟　　✖ 制作成本：6元

# 雪梨汁

**❧ 原料**

雪梨……………………………………… 1 个
水 ………………………………………… 50 毫升

**● 做法**

1. 将雪梨洗净，切成小块。
2. 将雪梨和水放入榨汁机内，搅打均匀即可。

**✖ 功效解读**

雪梨的脂肪含量和热量都很低，具有清润滋
补、润肺化痰、降火解毒的功效；富含的膳食
纤维能够促进肠道蠕动，减少对脂肪的吸收。
故此款蔬果汁具有消脂减肥的作用，适合肥胖
者饮用。

⊕ 制作时间：6分钟　　✖ 制作成本：5元

# 葡萄菠萝杏汁

## ♣ 原料

葡萄⋯⋯⋯⋯⋯⋯⋯⋯⋯⋯⋯⋯⋯6 颗
菠萝⋯⋯⋯⋯⋯⋯⋯⋯⋯⋯⋯⋯⋯2 片
杏⋯⋯⋯⋯⋯⋯⋯⋯⋯⋯⋯⋯⋯⋯4 颗
水⋯⋯⋯⋯⋯⋯⋯⋯⋯⋯⋯⋯ 200 毫升

## ♦ 做法

1. 将葡萄洗净，去皮、去籽；将菠萝洗净，切成块状；将杏洗净，去核，切成块状。
2. 将准备好的葡萄、菠萝、杏和水一起放入榨汁机中榨汁即可。

## ✖ 功效解读

葡萄能阻止血栓形成，降低血液中胆固醇含量；杏营养丰富，可提高人体新陈代谢的速度。此款果汁能够润肠通便、消除腹部脂肪。

⊙ 制作时间：10分钟　✖ 制作成本：6元

# 香蕉蜜柑汁

## ♣ 原料

香蕉⋯⋯⋯⋯⋯⋯⋯⋯⋯⋯⋯⋯⋯1 根
蜜柑⋯⋯⋯⋯⋯⋯⋯⋯⋯⋯⋯⋯⋯1 个
水适量

## ♦ 做法

1. 将蜜柑、香蕉去皮，切块。
2. 将蜜柑和香蕉放入榨汁机内，加适量水，搅打成汁即可。

## ✖ 功效解读

蜜柑富含钙、钾和维生素，且含热量较少；香蕉营养价值高，且也是低热量食品。此款蔬果汁能提供适当的营养，适合减肥期间饮用。

⊙ 制作时间：4分钟　✖ 制作成本：4元

# 西瓜柳橙蜂蜜汁

♣ 原料

柳橙·····································1 个
西瓜·································200 克
蜂蜜·································2 小匙
冰块适量

◯ 做法

1. 将柳橙洗净，对切；将西瓜洗净，去皮、去籽，取西瓜肉。
2. 先将柳橙放入压汁机中压汁，倒出后加入蜂蜜搅匀；再将西瓜榨汁。
3. 按分层法将柳橙汁和西瓜汁先后倒入杯中，然后加冰块即可。

✖ 功效解读

柳橙富含膳食纤维而热量含量低，有助于排便和减少毒素堆积；西瓜94%都是水分，有利水消肿的功效。此款蔬果汁能够满足嗜甜而又要减肥者吃甜食的欲望。

◯ 制作时间：7分钟　　✖ 制作成本：5元

# 西瓜柠檬蜂蜜汁

♣ 原料

西瓜·································200 克
柠檬·····································1 个
蜂蜜适量

◯ 做法

1. 将西瓜洗净，去皮、去籽，切成小块；将柠檬洗净，切片。
2. 将西瓜和柠檬分别榨汁。
3. 将西瓜汁与柠檬汁倒入杯中混合，再加入蜂蜜，搅匀即可。

✖ 功效解读

西瓜有利尿作用，有助人体排出多余盐分和带走热量；柠檬含有的柠檬酸，有防止和消除皮肤色素沉着的作用。故此款蔬果汁不仅可用于减肥，还能美容养颜。

◯ 制作时间：8分钟　　✖ 制作成本：5元

# 葡萄苹果汁

♣ 原料

红葡萄 ·············································· 150 克
红苹果 ·············································· 1 个
碎冰适量

♦ 做法

1. 将葡萄洗净，去皮、去籽，切片；将苹果洗净，切块。
2. 将苹果与葡萄一起放入榨汁机榨汁；留下一小部分备用。
3. 将榨好的果汁倒入杯中，放入碎冰，再用剩下的苹果块和葡萄片做装饰。

✖ 功效解读

苹果含有的果胶能有效降低血液中的胆固醇含量；苹果富含的粗纤维，可促进肠胃蠕动，协助人体将废物排出体外。故此款蔬果汁有促进消化和减肥瘦身的双重功效。

🕑 制作时间：5分钟　　✖ 制作成本：5元

# 草莓酸奶汁

♣ 原料

草莓 ················································· 150 克
酸奶 ················································· 250 毫升

♦ 做法

1. 将草莓洗净，去蒂，切成小块。
2. 将草莓和酸奶一起放入榨汁机内，搅打成汁即可。

✖ 功效解读

草莓富含的果胶和膳食纤维能够帮助消化和排便；酸奶能够帮助消化、防止便秘。此款蔬果汁可通过改善肠胃功能而达到减肥的效果。

🕑 制作时间：5分钟　　✖ 制作成本：6元

# 草莓水蜜桃汁

**🍀 原料**

草莓·······························100 克
水蜜桃·····························半个
水·······························45 毫升

**🌢 做法**

1. 将草莓洗净，去蒂；水蜜桃洗净，去皮、去核后切成小块。
2. 将草莓、水蜜桃放入榨汁机中，再加入水搅打成汁即可。

**✖ 功效解读**

水蜜桃和草莓均富含膳食纤维和果胶，可有效吸附人体内的多余脂肪，适合肥胖者饮用。

🕐 制作时间：5分钟　　✖ 制作成本：6元

# 柳橙苹果雪梨汁

**🍀 原料**

柳橙·······························2 个
苹果·······························半个
雪梨·······························1/4 个
水·······························30 毫升

**🌢 做法**

1. 将柳橙去皮，切成小块；苹果洗净，去皮、去核；雪梨洗净，去皮，切成小块。
2. 把备好的柳橙、苹果、雪梨放入榨汁机内，加水搅打均匀即可。

**✖ 功效解读**

柳橙含有丰富的膳食纤维，能够促进排便，还能够降低血液中的胆固醇含量；苹果既能帮助消化，又具有减肥功效。此款蔬果汁很适合夏季减肥饮用。

🕐 制作时间：5分钟　　✖ 制作成本：6元

# 柳橙油桃饮

♣ 原料

细黄糖 ·······························5 克
磨碎的生姜 ·····················1/2 小匙
油桃 ····································4 个
柳橙 ··································1/4 个
冰块、水各适量

♠ 做法

1. 把糖、磨碎的生姜和水放入碗里，入锅加热
   至糖溶化，制成糖浆备用。
2. 将油桃洗净，切开，去核；柳橙洗净切片；
   再一同放入榨汁机榨汁。
3. 在杯子中放入适量冰块，再倒入果汁和糖浆
   混合即可。

✖ 功效解读

油桃富含维生素C，可美容养颜；柳橙富含膳
食纤维，能降低血液中胆固醇的含量。故此款
蔬果汁既能消脂瘦身，又可润泽肌肤。

🕐 制作时间：10分钟　　✖ 制作成本：6元

# 木瓜牛奶蛋汁

♣ 原料

木瓜、蛋黄 ·························各1 个
牛奶 ································90 毫升
水 ··································60 毫升

♠ 做法

1. 将木瓜洗净，去皮、去籽，切成小块；将蛋
   黄搅拌均匀。
2. 将木瓜、牛奶、蛋液和水放入榨汁机内，以
   高速搅打成汁即可。

✖ 功效解读

木瓜具有加速分解脂肪、去除赘肉、促进新陈
代谢的功效；牛奶能改善肤质，使肌肤美白滋
润；蛋黄中富含微量元素和维生素。此款蔬果
汁能在消脂瘦身的同时，为减肥者提供人体所
需的营养元素。

🕐 制作时间：5分钟　　✖ 制作成本：7元

# 李子牛奶蜜饮

## ♣ 原料
李子·······················300 克
蜂蜜、牛奶各适量

## ♦ 做法
1. 将李子洗净，去核取肉。
2. 将李子肉、牛奶放入榨汁机中榨汁。
3. 将榨好的李子汁倒入杯中，加入蜂蜜搅拌均匀即可。

## ✖ 功效解读
李子能促进胃肠蠕动、增强消化功能，富含的丝氨酸、甘氨酸等多种氨基酸具有利尿消肿的作用，与牛奶和蜂蜜搭配榨汁，营养丰富，是爱美女性养颜美容、瘦身健体的首选饮品。

⊕ 制作时间：5分钟　　✖ 制作成本：5元

# 葡萄柚菠萝汁

## ♣ 原料
葡萄柚·······················1 个
菠萝·······················100 克
冰块适量

## ♦ 做法
1. 将菠萝去皮、洗净，葡萄柚去皮；将二者均切成大小适当的块。
2. 将菠萝和葡萄柚放入榨汁机中搅打成汁，滤出果肉即可。

## ✖ 功效解读
葡萄柚可抑制食欲，能减少热量和脂肪的摄入；葡萄柚还富含天然果胶，能降低血液中胆固醇的含量。此款蔬果汁有较好的消脂瘦身的功效。

⊕ 制作时间：5分钟　　✖ 制作成本：6元

# 西红柿蜂蜜汁

♣ 原料

西红柿 ·······················2 个
蜂蜜·························3 小匙
水 ························· 50 毫升

● 做法

1. 将西红柿洗净，去蒂后切成小块。
2. 将西红柿和蜂蜜放入榨汁机中，再加入水，以高速搅打成汁即可。

✖ 功效解读

西红柿具有减肥瘦身、消除疲劳、美白、祛斑的功效；与蜂蜜一同榨汁，是夏季瘦身的首选。

🕐 制作时间：5分钟　　✖ 制作成本：5元

🕐 制作时间：5分钟　　✖ 制作成本：7元

# 胡萝卜蔬菜汁

♣ 原料

胡萝卜 ·······················500 克
芹菜·························200 克
卷心菜 ·······················100 克
水 ·························· 30 毫升
柠檬汁适量

● 做法

1. 将胡萝卜洗净，去皮，切块；芹菜连叶洗净；卷心菜洗净，切小片。
2. 将胡萝卜、芹菜和卷心菜放入榨汁机中，加水搅打成汁。
3. 将蔬果汁倒入杯中，加柠檬汁调匀即可。

✖ 功效解读

胡萝卜富含膳食纤维，能够吸附肠道内的多余脂肪；芹菜亦能够排毒减肥。此款蔬果汁具有帮助消化和减肥瘦身的双重功效。

# 胡萝卜草莓汁

**❀ 原料**

胡萝卜 ·································· 100 克
草莓 ····································· 80 克
柠檬 ······································ 1 个
冰块、冰糖各适量

**● 做法**

1. 将胡萝卜洗净，切块；草莓洗净，去蒂；柠檬洗净，切片。
2. 将胡萝卜、草莓和柠檬用榨汁机分别榨汁。
3. 将榨好的胡萝卜汁、草莓汁和柠檬汁混合，再加入冰块和冰糖搅匀即可。

**✖ 功效解读**

胡萝卜富含膳食纤维，能够吸附肠道内附着的脂肪；草莓能够促进分解食物脂肪，增强消化功能。此款蔬果汁消脂瘦身的效果显著。

⏲ 制作时间：9分钟　✖ 制作成本：8元

# 卷心菜西红柿汁

**❀ 原料**

卷心菜 ·································· 300 克
西红柿、苹果 ························ 各1 个
水 ····································· 240 毫升

**● 做法**

1. 将苹果洗净，去皮、去核，切块；将卷心菜洗净，撕片；西红柿洗净，切片。
2. 将苹果、西红柿和卷心菜放入榨汁机内，加入水搅打成汁即可。

**✖ 功效解读**

卷心菜水分含量高而热量低；苹果既能帮助消化，又有瘦身作用；西红柿富含维生素。此款蔬果汁能为减肥期间的人体提供必需的营养素，是肥胖患者的理想饮品。

⏲ 制作时间：5分钟　✖ 制作成本：6元

# 胡萝卜卷心菜汁

## ♣ 原料

胡萝卜 ······················· 100 克
卷心菜 ························· 50 克
水、蜂蜜、石榴子各适量

## ♦ 做法

1. 将胡萝卜洗净，去皮，切条；将卷心菜洗净，撕片。
2. 将胡萝卜、石榴子、卷心菜放入榨汁机中，加水搅打成汁。
3. 将榨好的蔬果汁倒入杯中，加入蜂蜜，调匀即可。

## ✖ 功效解读

此款蔬果汁不仅能够消脂减肥，还能够美容养颜，适合肥胖患者饮用。

⏱ 制作时间：7分钟　　✖ 制作成本：4元

⏱ 制作时间：5分钟　　✖ 制作成本：4元

# 胡萝卜生菜苹果汁

## ♣ 原料

生菜、胡萝卜 ···················· 各50 克
苹果 ···························· 半个
冰块适量

## ♦ 做法

1. 将生菜、胡萝卜均洗净，切块；苹果洗净，去皮、去核，切块。
2. 将生菜、胡萝卜和苹果放入榨汁机榨汁。
3. 将蔬果汁倒入杯中，加冰块即可。

## ✖ 功效解读

生菜中含有大量膳食纤维和微量元素，常食有消除多余脂肪的作用；胡萝卜和苹果均具有促进消化的功效。此款蔬果汁能够降低血液中脂肪和胆固醇含量，具有较好的瘦身效果。

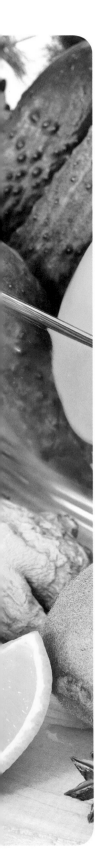

04

# 防止水肿，
# 摆脱"虚胖"烦恼

　　水肿指的是人体的组织间隙内体液增多，作为亚健康的标志之一，很多肥胖者都存在不同程度的水肿，当人体排水功能出现障碍，多余水分就会积聚在体内，造成水肿型肥胖。很多人以节食来应对水肿型肥胖，这样不仅没有减肥效果，还会引起恶性循环。本章精心挑选了23款具有消肿利尿功能的蔬果汁，带你告别虚胖的烦恼。

# 苹果四蔬汁

### ❀ 原料

苹果……………………………………… 1 个
西芹、芦笋 ………………………… 各50 克
甜椒、苦瓜 ……………………………… 各半个
水 ……………………………………100 毫升

### ● 做法

1. 将苹果洗净，去皮、去核，切块；将西芹、甜椒、苦瓜、芦笋均洗净，切块。
2. 将苹果、西芹、甜椒、苦瓜和芦笋一起放入榨汁机，再加入水榨成汁即可。

### ✘ 功效解读

西芹和芦笋均具有清热利尿的功效；苦瓜亦有清热解毒、利尿消肿的作用。长期饮用此款蔬果汁，不仅能够预防水肿、消脂减肥，而且能够辅助治疗心血管疾病、肾炎、胆结石等。

🕐 制作时间：6分钟　　✘ 制作成本：7元

# 西红柿酸奶汁

### ❀ 原料

西红柿 …………………………………… 1 个
酸奶………………………………… 300 毫升

### ● 做法

1. 将西红柿洗净，去蒂，切成小块。
2. 将切好的西红柿和酸奶一起放入榨汁机内，榨成汁即可。

### ✘ 功效解读

西红柿可生津止渴、健胃消食，和酸奶搭配榨汁能帮助肠胃蠕动，促进体内脂肪分解，防止水肿，对于瘦身纤体有很好的效果。此款蔬果汁还可使皮肤细滑白皙。

🕐 制作时间：5分钟　　✘ 制作成本：5元

# 木瓜哈密瓜牛奶

☘ **原料**

木瓜·······················1 个
哈密瓜·····················20 克
牛奶·····················90 毫升
碎冰适量

♠ **做法**

1. 将木瓜、哈密瓜均洗净，去皮、去籽，再切成小块。
2. 将木瓜、哈密瓜和牛奶放入榨汁机内，以高速搅打30秒。
3. 将榨好的蔬果汁倒入杯中，加入碎冰即可。

✖ **功效解读**

木瓜可改善便秘和肠胃不适；哈密瓜含铁量很高，还有利尿功效。把两种水果与牛奶混合榨汁，营养丰富，常饮此汁能消水肿，且对造血功能有明显的促进作用。

🕐 制作时间：5分钟　　✖ 制作成本：7元

# 冬瓜蜂蜜汁

☘ **原料**

冬瓜·····················200 克
水·····················300 毫升
蜂蜜·····················1 小匙

♠ **做法**

1. 将冬瓜洗净，去皮，切成小块。
2. 将切好的冬瓜放入榨汁机内，再加入水搅打成汁。
3. 将榨好的冬瓜汁倒入杯中，再加入蜂蜜搅匀即可。

✖ **功效解读**

冬瓜有利尿消肿的作用，且所含的丙醇二酸能有效抑制糖类转化为脂肪。故此款蔬果汁具有较强的防止水肿、消脂瘦身的功效。

🕐 制作时间：5分钟　　✖ 制作成本：4元

# 苹果菠萝汁

## ♣ 原料

菠萝·····························50 克
苹果·····························1 个
水适量

## ♦ 做法

1. 将菠萝去皮，洗净，切块；将苹果洗净，去皮、去核。
2. 将菠萝、苹果放入榨汁机，再加入水，榨成汁即可。

## ✖ 功效解读

菠萝、苹果都含有丰富的维生素和膳食纤维，能够加速肠胃的蠕动，增强消化功能。此款蔬果汁具有降血脂、降血压、利尿消肿等多种功效。

⏀ 制作时间：5分钟　　✖ 制作成本：4元

# 冬瓜苹果柠檬汁

## ♣ 原料

冬瓜·····························150 克
苹果·····························半个
柠檬·····························1/4 个
水 ·····························240 毫升
冰糖适量

## ♦ 做法

1. 将冬瓜洗净，去皮、去籽，切成小块；苹果洗净，去核，切成小块；柠檬洗净，切片。
2. 将冬瓜、苹果、柠檬放入榨汁机内，再加入水搅打成汁。
3. 将蔬果汁倒入杯中，加冰糖搅匀即可。

## ✖ 功效解读

冬瓜具有良好的清热解暑和利尿功效，是消肿圣品，此外还具有抗衰老的作用。长期饮用此款蔬果汁，不仅能防止水肿，还可以使皮肤保持润泽光滑。

⏀ 制作时间：6分钟　　✖ 制作成本：5元

# 小黄瓜冬瓜汁

**❀ 原料**

小黄瓜 ·······················2 根
冬瓜 ·······················100 克
柠檬 ·······················1/3 个
水 ·······················240 毫升

**◉ 做法**

1. 将小黄瓜洗净，切成丁；冬瓜洗净，去皮、去籽，再切成丁；柠檬洗净，切片。
2. 将小黄瓜、冬瓜和柠檬放入榨汁机内，再加入水搅打成汁即可。

**❀ 功效解读**

将冬瓜、柠檬、小黄瓜一起榨汁，营养丰富、口感良好，具有利尿的作用。长期饮用此款蔬果汁，能够清理肠道，有助于防止水肿，是纤体、摆脱虚胖的首选饮品。

🕐 制作时间：6分钟　　✖ 制作成本：6元

# 李子蛋蜜奶

**❀ 原料**

李子 ·······················2 个
蛋黄 ·······················1 个
牛奶 ·······················240 毫升
冰糖 ·······················10 克
蜂蜜 ·······················1 小匙

**◉ 做法**

1. 将李子洗净，去核，切小块；将蛋黄和牛奶搅拌均匀。
2. 将李子、蛋黄奶和蜂蜜放入榨汁机内，搅打成汁即可。
3. 将蔬果汁倒入杯中，加入冰糖即可。

**❀ 功效解读**

李子含有丰富的苹果酸、柠檬酸等，可止渴、消水肿、利尿；蛋黄含有丰富的维生素和矿物质。此款蔬果汁营养全面，经常饮用不仅可防止水肿，还有助于美容。

🕐 制作时间：6分钟　　✖ 制作成本：8元

# 西瓜汁

## 🍀 原料
西瓜 …………………………………… 300 克
水 …………………………………… 30 毫升

## 💧 做法
1. 将西瓜洗净，去皮、去籽，切小块。
2. 将西瓜放入榨汁机，再加入水搅打均匀，倒
   入杯中即可。

## ✖ 功效解读
西瓜有清热利尿的功效，能帮助身体排出多余
水分，避免水肿。在饮用西瓜汁时应注意摄取
量，不可过于频繁地超量饮用。

🕐 制作时间：3分钟　　✖ 制作成本：3元

---

# 西瓜小黄瓜汁

## 🍀 原料
西瓜 …………………………………… 300 克
小黄瓜 …………………………………… 2 根
水适量

## 💧 做法
1. 将西瓜洗净，去皮、去籽，切小块；将小黄
   瓜洗净，切小块。
2. 将西瓜、小黄瓜和水一起放入榨汁机，搅打
   成汁。
3. 将蔬果汁倒入杯中即可饮用。

## ✖ 功效解读
西瓜有清热解暑、利尿除烦的功效，对高温
引起的烦渴、中暑、昏沉、水肿、口舌生疮
等症均有效果；小黄瓜也具有利尿的效果，
能够有效避免水肿。故此款蔬果汁具有防止
水肿的功效。

🕐 制作时间：5分钟　　✖ 制作成本：5元

# 香瓜芹菜苹果汁

## ♣ 原料

香瓜……………………………… 1 个
芹菜……………………………… 100 克
苹果……………………………… 1/4 个
水……………………………… 30 毫升

## ♦ 做法

1. 将芹菜洗净，去叶，切段；将香瓜洗净，去皮，对切，去籽；苹果洗净，去皮、去核，切小块。
2. 将芹菜、香瓜和苹果一起放入榨汁机中，再加水搅打成汁，滤渣后倒入杯中即可。

## ✖ 功效解读

香瓜清热解暑，能促进身体的代谢速度，还有利尿功能；芹菜中富含的膳食纤维，可帮助人体排出废物、消除水肿。故此款蔬果汁有防止水肿、消脂瘦身的功效。

🕐 制作时间：6分钟　　✖ 制作成本：5元

---

🕐 制作时间：5分钟　　✖ 制作成本：5元

# 鳄梨香瓜汁

## ♣ 原料

鳄梨、香瓜……………………………… 各半个
蜂蜜……………………………… 10 毫升
水、冰块各适量

## ♦ 做法

1. 将鳄梨洗净，去皮、去核，切块；香瓜洗净，去皮，切块。
2. 将鳄梨和香瓜放入榨汁机中，再加水搅打成汁。
3. 将榨好的蔬果汁倒入杯中，加入冰块和蜂蜜调匀即可。

## ✖ 功效解读

鳄梨含有大量的酶，有健胃清肠的作用；香瓜则有清热解暑、利尿的功效。此款蔬果汁既能消脂减肥，又能防止水肿。

# 小黄瓜柳橙汁

🕐 制作时间：8分钟　　✂ 制作成本：6元

🍀 **原料**

小黄瓜 ······················· 1 根
柳橙 ··························· 半个
胡萝卜 ····················· 200 克
蜂蜜 ························· 1 小匙
柠檬汁、水各适量

🍷 **做法**

1. 将小黄瓜洗净，切块；胡萝卜洗净，去皮，切

块；将柳橙洗净，用压汁机压汁，备用。
2. 将小黄瓜、胡萝卜放入榨汁机中，加水榨成汁。
3. 将蔬果汁与柳橙汁倒入杯中混合，再加入柠檬汁和蜂蜜，搅匀即可。

✖ **功效解读**

小黄瓜有清热解毒、利尿消肿、减肥美容的功效；柳橙和胡萝卜均含有大量膳食纤维，既能加速肠道蠕动，又能够避免肠道对油脂的吸收。故此款蔬果汁即能防止水肿，又能消脂减肥。

**爱心贴士**

　　柳橙具有降血脂和降低胆固醇的作用，适合高血压、动脉硬化患者食用；但肝阴不足、胃酸过多、糖尿病、过敏体质患者不宜食用。

# 圣女果芒果汁

🍀 **原料**

圣女果 ·····················80 克
芒果 ·······················半个
水 ·····················200 毫升

💧 **做法**

1. 将圣女果洗净，去蒂，切成小块。
2. 将芒果洗净，去掉皮和果核，切成块。
3. 将切好的圣女果、芒果一起放入榨汁机，加水榨汁即可。

❈ **功效解读**

圣女果所含的苹果酸和柠檬酸，有助于人体对脂肪和蛋白质的消化；芒果具有益胃、解渴、利尿的功用，有助于消除水肿所造成的肥胖。此款蔬果汁具有防止水肿和消脂瘦身的双重功效。

🕐 制作时间：5分钟    ✖ 制作成本：5元

# 西瓜菠萝柠檬汁

🍀 **原料**

西瓜 ·····················150 克
菠萝 ·······················50 克
柠檬 ·······················1/3 个
水 ·····················100 毫升

💧 **做法**

1. 将西瓜洗净，去皮、去籽，切块；柠檬洗净，去皮，切成块状；菠萝去皮，洗净，切成块状。
2. 将切好的西瓜、菠萝、柠檬一起放入榨汁机中，再加入水榨汁即可。

❈ **功效解读**

西瓜可清热解暑、利尿除烦；菠萝则具有消食、祛湿、利尿的功效。故此款蔬果汁具有防止水肿和消脂瘦身的双重功效。

🕐 制作时间：5分钟    ✖ 制作成本：5元

# 莲雾汁

## ♣ 原料

莲雾·······················8 个
水·····················200 毫升

## ● 做法

1. 将莲雾清洗干净，切片。
2. 将莲雾和水一起放入榨汁机中榨汁即可。

## ✖ 功效解读

莲雾带有特殊的香味，是天然的清热剂；又由于莲雾含有许多水分，所以食疗上又有利尿的作用。故此款蔬果汁具有防止水肿的功效。

🕐 制作时间：4分钟　✖ 制作成本：5元

# 苹果西芹芦笋汁

## ♣ 原料

苹果·······················1 个
西芹·····················100 克
芦笋·······················2 根
水·····················200 毫升

## ● 做法

1. 将苹果洗净，去皮、去核，切成块状；将西芹、芦笋均洗净，切成块状。
2. 将苹果、西芹、芦笋一起放入榨汁机，再加入水一起榨汁。

## ✖ 功效解读

此款蔬果汁不仅可防止水肿，还可润肠通便、缓解疲劳，甚至对膀胱炎也有一定的辅助治疗作用。

🕐 制作时间：5分钟　✖ 制作成本：5元

# 香蕉西瓜汁

**♣ 原料**

香蕉·····································1 根
西瓜····································150 克
水····································200 毫升
蜂蜜适量

**♠ 做法**

1. 将香蕉去皮，切成块状；将西瓜洗净，去皮、去籽，切成块状。
2. 将切好的香蕉、西瓜一起放入榨汁机，再加入水榨汁即可。
3. 将蔬果汁倒入杯中，加入蜂蜜搅匀即可。

**✖ 功效解读**

香蕉可促进肠胃蠕动，润肠通便；西瓜可除烦解渴、利尿。故此款蔬果汁即可防止水肿，又可通便排毒，是减肥瘦身的佳品。

⊕ 制作时间：5分钟　　✖ 制作成本：4元

# 苹果苦瓜芦笋汁

**♣ 原料**

苹果·····································1 个
苦瓜、芦笋······························各1 根
水····································200 毫升

**♠ 做法**

1. 将苹果洗净，去核，切块；将苦瓜洗净，去瓤，切块；将芦笋洗净，切块。
2. 将切好的苹果、苦瓜、芦笋和水一起放入榨汁机中榨汁即可。

**✖ 功效解读**

苦瓜具有清热祛暑、利尿凉血的功效，而且苦瓜还含有清脂、减肥的特效成分；芦笋含有独特的天门冬酰胺，对水肿、膀胱炎均有疗效。故此款蔬果汁防治水肿的效果显著。

⊕ 制作时间：5分钟　　✖ 制作成本：6元

# 西瓜皮莲藕汁

**🍀 原料**

西瓜皮·····················80 克
莲藕·····················50 克
蜂蜜适量

**💧 做法**

1. 将西瓜皮洗净，切成块状；将莲藕去皮，洗净，切成块状。
2. 将切好的西瓜皮和莲藕一起放入榨汁机中榨成汁。
3. 将蔬果汁倒入杯中，加入蜂蜜搅匀即可。

**✖ 功效解读**

西瓜皮有清热解暑、祛风利湿的功效；莲藕生食能凉血散淤，熟食能补心益肾，具有滋阴养血的功效。此款蔬果汁能消除水肿、清热降火，对于水肿引起的肥胖具有不错的疗效。

🕐 制作时间：5分钟　　✖ 制作成本：4元

---

# 芹菜香蕉酸奶汁

**🍀 原料**

芹菜·····················200 克
香蕉·····················1 根
酸奶·····················200 毫升

**💧 做法**

1. 将芹菜洗净，去叶，切成段；将香蕉去皮，切成块。
2. 将芹菜、香蕉和酸奶一起放入榨汁机中榨汁即可。

**✖ 功效解读**

芹菜能够除烦消肿、清肠利便，可治疗水肿；香蕉能清除宿便、降压排水，对水肿型肥胖会有帮助。故此款蔬果汁在防治水肿方面有显著的疗效。

🕐 制作时间：5分钟　　✖ 制作成本：7元

# 小黄瓜蜜梨汁

**♣ 原料**

| | |
|---|---|
| 小黄瓜 ············································· | 1 根 |
| 梨 ·················································· | 2 个 |
| 柠檬 ················································ | 1/4 个 |
| 蜂蜜 ················································ | 2 小匙 |
| 水 ·················································· | 50 毫升 |

**● 做法**

1. 将小黄瓜洗净，切块；梨洗净，去核，切块；柠檬洗净，去皮，切小块。
2. 将小黄瓜、梨、柠檬和水放入榨汁机中，以高速搅打成汁。
3. 将蔬果汁倒入杯中，加入蜂蜜调匀即可。

**✖ 功效解读**

小黄瓜含有黄瓜酶和葫芦素C，可促进身体的新陈代谢，帮助肝肾排出体内多余的水分。再和梨搭配榨汁饮用，可有效消除水肿。

🕐 制作时间：5分钟　　✖ 制作成本：6元

---

# 西瓜菠萝牛奶蜜

**♣ 原料**

| | |
|---|---|
| 西瓜 ················································ | 100 克 |
| 菠萝 ················································ | 80 克 |
| 牛奶 ················································ | 100 毫升 |
| 柠檬汁 ·············································· | 15 毫升 |
| 蜂蜜 ················································ | 1 小匙 |

**● 做法**

1. 将西瓜去皮及籽，切块；菠萝去皮，洗净，切块。
2. 将西瓜和菠萝放入榨汁机中榨成汁。
3. 将蔬果汁滤渣后倒入杯中，加入牛奶、柠檬汁和蜂蜜调匀即可。

**✖ 功效解读**

此款蔬果汁有较好的利尿、消脂功效，能有效防治水肿。

🕐 制作时间：5分钟　　✖ 制作成本：7元

# 05

# 减少吸收，
# 塑造完美曲线

　　脂肪、动物蛋白、胆固醇，很多美味的食物中都含有这些令人发胖的物质，吃还是不吃令人纠结，难道就这样与美味擦身而过？不一定！我们可以通过减少吸收的方式来享受美食。本章精心奉上的23款蔬果汁，均选择富含膳食纤维、能有效吸附脂肪的蔬菜和水果，能够降低或抑制胃肠对脂肪的吸收，避免脂肪堆积，帮你塑造完美曲线。

# 葡萄西芹酸奶汁

**♣ 原料**

葡萄··················································50 克
西芹··················································60 克
酸奶·············································240 毫升

**♦ 做法**

1. 将葡萄洗净，去皮、去籽；西芹洗净，叶子撕成小片，茎切段。
2. 将葡萄、西芹放入榨汁机内，再加入酸奶搅打成汁即可。

**✖ 功效解读**

这道蔬果汁中含有丰富的维生素和膳食纤维，能够促进肠胃的蠕动、减少对油脂的吸收；而且酸奶中的乳酸菌可以清除宿便。

🕐 制作时间：5分钟　　✖ 制作成本：8元

---

# 香瓜苹果柠檬汁

**♣ 原料**

香瓜··················································半个
苹果、柠檬·····································各1 个
冰块适量

**♦ 做法**

1. 将香瓜洗净，去蒂、去皮、去籽，切块；苹果洗净，去皮、去核，切块；柠檬洗净，对切。
2. 先将柠檬压汁；再将香瓜和大部分苹果块放入榨汁机榨汁。
3. 将两种果汁倒入杯中混合，再加入剩下的苹果块和冰块即可。

**✖ 功效解读**

苹果含有的果胶可促进人体脂肪的排出；香瓜含水分丰富，能清热除烦。故此款蔬果汁有减少脂肪吸收的功效。

🕐 制作时间：7分钟　　✖ 制作成本：7元

# 胡萝卜水果汁

## 🌱 原料
苹果·······························1 个
草莓、胡萝卜····················各50 克
柠檬·······························半个
水、碎冰各适量

## 💧 做法
1. 将苹果洗净，去皮、去核，切块；草莓洗净，去蒂，切块；胡萝卜洗净，切块；柠檬洗净。
2. 先将柠檬压汁备用；再将苹果、草莓、胡萝卜、水和碎冰放入榨汁机榨汁。
3. 将两种蔬果汁倒入杯中混合即可。

## ✿ 功效解读
苹果、草莓、胡萝卜都富含膳食纤维，能减少人体对脂肪的吸收，并促进排便。故本款蔬果汁具有减肥瘦身的功效。

🕐 制作时间：8分钟　　✖ 制作成本：6元

# 仙人掌葡芒汁

## 🌱 原料
葡萄····························120 克
仙人掌··························50 克
芒果·····························2 个
香瓜·····························1 个
冰块适量

## 💧 做法
1. 将葡萄和仙人掌洗净；香瓜洗净，去皮、去籽，切块；芒果洗净，去皮、去核，取肉。
2. 将所有原料一起放入榨汁机榨汁即可。

## ✖ 功效解读
仙人掌富含多种维生素和矿物质，具有降血压、降血脂、降血糖的功效。几种原料一起榨汁饮用，能有效减少人体内脂肪含量。

🕐 制作时间：6分钟　　✖ 制作成本：8元

# 绿茶苹果酸奶汁

### ♣ 原料
绿茶粉 ·······························1 小匙
苹果 ···································· 1 个
酸奶 ······························ 200 毫升

### ♦ 做法
1. 将苹果洗净，去皮、去核，切成小块。
2. 将苹果放入榨汁机内搅打成汁。
3. 将苹果汁倒入杯中，然后加入绿茶粉和酸奶搅匀即可。

### ✖ 功效解读
绿茶富含儿茶素，有助于减少人体腹部脂肪；苹果富含果胶，能吸附肠道内堆积的脂肪。故此款蔬果汁具有减少吸收、消脂瘦身的功效。

🕐 制作时间：5分钟　　✖ 制作成本：8元

# 番石榴西红柿汁

### ♣ 原料
番石榴、西红柿 ································各1 个
低脂牛奶 ······························ 50 毫升

### ♦ 做法
1. 将番石榴、西红柿均洗净，切块。
2. 将番石榴和西红柿放入榨汁机中，再加入牛奶搅打成汁即可。

### ✖ 功效解读
番石榴富含的粗纤维，可使胃部容易产生饱足感，进餐时就不会想吃太多食物；而且新鲜的番石榴含热量很低，很适合用来当减肥食物。

🕐 制作时间：5分钟　　✖ 制作成本：6元

# 芹菜苹果汁

### ❧ 原料

苹果 ························· 1/4 个
芹菜 ························· 100 克
水 ··························· 300 毫升

### ❧ 做法

1. 将苹果洗净，去皮、去核，切小块；芹菜洗净，切小段。
2. 将苹果和芹菜放入榨汁机中，加水搅打成汁即可。

### ❧ 功效解读

苹果富含果胶；芹菜富含膳食纤维。故此款蔬果汁易使人产生饱腹感，能有效降低人体对热量的吸收。

🕐 制作时间：5分钟　　✖ 制作成本：5元

# 葡萄柚绿茶汁

### ❧ 原料

葡萄柚 ························· 1 个
绿茶粉 ·························4 小匙
菠萝汁 ·························100 毫升
水 ··························· 300 毫升
蜂蜜 ···························1 小匙

### ❧ 做法

1. 将葡萄柚洗净，对切，用压汁机压汁备用。
2. 将绿茶粉放入杯中，加水调匀。
3. 将葡萄柚汁、菠萝汁、蜂蜜和绿茶粉汁倒入杯中混合，搅匀即可。

### ❧ 功效解读

绿茶富含儿茶素，有助于减少腹部脂肪；葡萄柚、菠萝则富含膳食纤维。此款蔬果汁可有效减少吸收，具有减肥瘦身的功效。

🕐 制作时间：6分钟　　✖ 制作成本：8元

# 芦荟苹果蜜

## ♣ 原料

苹果····································2 个
芦荟··································200 克
水·································· 200 毫升
蜂蜜································1 小匙

## ♦ 做法

1. 将苹果洗净，去皮、去核，切块；芦荟洗净，去皮，切片。
2. 将苹果、芦荟放入榨汁机中，再加水榨汁。
3. 将蔬果汁倒入杯中，加蜂蜜搅匀即可。

## ✖ 功效解读

芦荟可抑制脂肪酸聚合成脂肪，使体内脂质难以合成；再搭配富含膳食纤维的苹果，可以更快速地分解脂肪，不使之大量堆积，因而具有减肥瘦身的功效。

🕐 制作时间：6分钟　　✖ 制作成本：7元

# 红薯叶番石榴汁

## ♣ 原料

红薯··································30 克
红薯叶、番石榴 ····················· 各50 克
蜂蜜································2 小匙
水、冰块各适量

## ♦ 做法

1. 将红薯洗净，去皮，切块，蒸熟，取出备用；番石榴洗净，切块；红薯叶洗净，切段。
2. 将红薯、红薯叶和番石榴放入榨汁机，再加入水和冰块搅打成汁。
3. 将蔬果汁倒入杯中，加入蜂蜜搅匀即可。

## ✖ 功效解读

红薯、红薯叶和番石榴均是富含膳食纤维的食物，容易使人产生饱腹感。故此款蔬果汁可有效减少人体吸收，减肥瘦身。

🕐 制作时间：15分钟　　✖ 制作成本：6元

# 柚子苹果汁

### ♣ 原料

柚子、柠檬 ······························各1/4 个
苹果···································· 1 个
水···································· 200 毫升
蜂蜜适量

### ● 做法

1. 将柚子、柠檬洗净后切成块状；将苹果洗净，去皮、去核，切成块状。
2. 将切好的柚子、苹果、柠檬一起放入榨汁机中，再加入水榨汁。
3. 将榨好的蔬果汁倒入杯中，加入蜂蜜搅拌均匀即可。

### ✘ 功效解读

柚子和苹果富含膳食纤维，能减少人体对脂肪的吸收；柠檬富含维生素C，能润泽肌肤、延缓衰老。故此款蔬果汁不仅能减肥瘦身，还能美容养颜。

🕐 制作时间：5分钟　　✘ 制作成本：5元

🕐 制作时间：5分钟　　✘ 制作成本：3元

# 西红柿黄瓜汁

### ♣ 原料

西红柿···································· 1 个
黄瓜····································半根
水···································· 200 毫升

### ● 做法

1. 将西红柿洗净，在其表皮上划几道口子；投入沸水中浸泡10秒后去皮，并切成块状；将黄瓜洗净，切成丁。
2. 将切好的西红柿、黄瓜一起放入榨汁机中，再加入水榨汁即可。

### ✘ 功效解读

西红柿能够抑制人体对热量的摄取，减少脂肪堆积，并补充多种维生素，保持身体均衡营养；黄瓜具有利尿通便，清热解毒的功效。故此款蔬果汁能够降低脂肪摄入量，保持体形。

# 猕猴桃双菜汁

🕐 制作时间：5分钟　　✄ 制作成本：5元

🍀 **原料**

猕猴桃 ························· 1 个
生菜 ····························60 克
白菜 ····························50 克
水 ·························· 200 毫升

🥄 **做法**

1. 将猕猴桃去皮，切成块状；将白菜、生菜洗净后切碎。

2. 将切好的猕猴桃、生菜、白菜一起放入榨汁机中，再加水榨汁即可。

✄ **功效解读**

猕猴桃营养丰富、热量极低，富含的膳食纤维不但能够吸附人体内多余脂肪，还可以令人产生饱腹感；生菜、白菜也均富含膳食纤维以及多种矿物质和维生素。故此款蔬果汁既能减少人体对脂肪的吸收，又能为人体提供必要的营养。

 爱心贴士

　　猕猴桃含有多种人体必需的微量元素和氨基酸，适合高血压、冠心病、食欲不振、消化不良者食用；但脾胃虚寒、易腹泻者以及糖尿病患者应忌食。

# 苹果汁

## ♣ 原料

苹果……………………………………2 个
水……………………………………100 毫升
西蓝花适量

## ♦ 做法

1. 将苹果洗净，去皮、去核，切几片装饰用，其余切成小块；将西蓝花洗净，切碎。
2. 在榨汁机内放入苹果和水，搅打成汁。
3. 把苹果汁倒入杯中，再用苹果片和西蓝花装饰即可。

## ✖ 功效解读

苹果含有独特的苹果酸，可以加速代谢，减少体内脂肪；苹果中的钾有缓解水肿和利尿的作用；苹果中丰富的果胶和膳食纤维，能够帮助肠胃消化，减少对油脂的吸收，并且预防便秘。

🕐 制作时间：5分钟　　✖ 制作成本：6元

# 苹果蓝莓汁

## ♣ 原料

苹果……………………………………半个
蓝莓……………………………………70 克
柠檬汁…………………………………30 毫升
水……………………………………100 毫升

## ♦ 做法

1. 将苹果洗净，去核，带皮切成小块；将蓝莓洗净。
2. 将蓝莓、苹果、柠檬汁放入榨汁机内，再加水搅打成汁即可。

## ✖ 功效解读

苹果和蓝莓均含有丰富的维生素和膳食纤维，能够强化肠胃的消化吸收功能、加速代谢、减少体内脂肪。此款蔬果汁既能促进排泄，又能减少吸收，减肥瘦身的效果明显。

🕐 制作时间：5分钟　　✖ 制作成本：7元

137

# 苹果葡奶汁

### ♣ 原料

苹果·················································· 1个
葡萄干············································· 30 克
牛奶·········································· 200 毫升

### ● 做法

1. 将苹果洗净，去皮、去核，切小块，放入榨汁机中榨汁。
2. 再将葡萄干、牛奶放入榨汁机汁中，一起搅打均匀即可。

### ✖ 功效解读

苹果中丰富的果胶和膳食纤维可以促进肠胃功能、吸附多余脂肪、预防便秘，且食用后易使人产生饱腹感；牛奶能为人体提供必需的蛋白质和钙质。故此款蔬果汁是美容纤体的佳品。

🕐 制作时间：5分钟　　✖ 制作成本：7元

---

# 梨柚汁

### ♣ 原料

梨·················································· 1个
柚子·············································· 半个
蜂蜜············································ 1小匙

### ● 做法

1. 将梨洗净，去皮、去核，切成块；将柚子去皮，切成块。
2. 将梨和柚子放入榨汁机中榨成汁。
3. 将榨好的果汁倒入杯中，然后加入蜂蜜搅匀即可。

### ✖ 功效解读

柚子和梨均富含膳食纤维，同时又富含多种维生素和矿物质，能在减少人体吸收多余脂肪的同时，为人体提供必要的营养物质。

🕐 制作时间：5分钟　　✖ 制作成本：5元

# 香蕉蜜茶汁

### ❧ 原料
香蕉··························································1 根
茶水、蜂蜜各适量

### ♠ 做法
1. 将香蕉去皮，放入茶杯中捣碎。
2. 加入茶水、蜂蜜，搅匀即成。

### ✖ 功效解读
香蕉属高热量食物，且富含多种矿物质，食后易使人产生饱腹感。与蜂蜜、茶水一起混合饮用，具有减少吸收、消脂、润肠通便的功效。

⏱ 制作时间：3分钟　　✖ 制作成本：3元

# 柠檬汁

### ❧ 原料
柠檬··························································2 个
菠萝·························································半个
蜂蜜适量

### ♠ 做法
1. 将柠檬洗净，去皮，切片；将菠萝去皮，洗净，切块。
2. 将柠檬、菠萝放入榨汁机中榨成汁。
3. 将果汁倒入杯中，加入蜂蜜搅匀即可。

### ✖ 功效解读
菠萝能够帮助消化，促进肠胃蠕动，可有效改善便秘、消化不良等症状；柠檬具有促进消化的功效。此款蔬果汁能够促进新陈代谢、增强肠胃功能，有较好的瘦身效果。

⏱ 制作时间：5分钟　　✖ 制作成本：5元

# 西红柿汁

♣ 原料

西红柿 ……………………………………… 2 个
水 …………………………………… 100 毫升
盐 ……………………………………… 3 克

♦ 做法

1. 将西红柿洗净，去蒂，切块。
2. 在榨汁机内加入西红柿、水和盐，搅打成汁即可。

✖ 功效解读

西红柿可抑制人体对热量的摄取、减少脂肪堆积，还能补充多种维生素和矿物质。故此款蔬果汁有很好的减肥瘦身功效。

⏱ 制作时间：5分钟　　✖ 制作成本：4元

# 哈密瓜橘子汁

♣ 原料

哈密瓜 …………………………………… 300 克
橘子 ……………………………………… 1 个
柠檬 ……………………………………… 半个
冰块适量

♦ 做法

1. 将哈密瓜去皮、去籽，切块；将橘子剥皮，去掉内膜和籽；柠檬洗净，切片。
2. 将哈密瓜、橘子和柠檬一起放入榨汁机内榨成汁。
3. 将蔬果汁倒入杯中，加冰块即可。

✖ 功效解读

哈密瓜含水分丰富，能利尿通便；橘子富含膳食纤维和果胶。二者榨汁饮用，既能减少脂肪吸收，又能促进废物排泄。

⏱ 制作时间：5分钟　　✖ 制作成本：6元

# 卷心菜水蜜桃汁

### ♣ 原料

卷心菜 ·························· 100 克
水蜜桃、柠檬·················· 各1 个

### ♦ 做法

1. 将卷心菜叶洗净，卷成卷；水蜜桃洗净，对切后去核；柠檬洗净，切片。
2. 将卷心菜、水蜜桃、柠檬放入榨汁机中，榨成汁即可。

### ✖ 功效解读

卷心菜和水蜜桃是肥胖患者的理想食物，它们含有的丰富膳食纤维可以促进肠道的蠕动，达到通肠利便的效果，而且食用后有饱腹感，有利于减肥。故此款蔬果汁适合减肥者饮用。

🕐 制作时间：5分钟　　✖ 制作成本：6元

# 菠萝西红柿汁

### ♣ 原料

菠萝·························· 50 克
西红柿 ························ 1 个
柠檬·························· 半 个
蜂蜜适量

### ♦ 做法

1. 将菠萝去皮，洗净，切成小块；西红柿洗净，去皮，切小块；柠檬洗净，切片。
2. 将以上原料倒入榨汁机内，搅打成汁。
3. 将蔬果汁倒入杯中，加蜂蜜搅匀即可。

### ✖ 功效解读

菠萝有帮助消化、促进肠胃蠕动以及吸附脂肪的功效；西红柿有美容养颜的功效；柠檬也是美容的佳品。此款蔬果汁既能减少吸收，又能美容养颜。

🕐 制作时间：5分钟　　✖ 制作成本：6元

# 增强体质，
# 瘦得健康又美丽

如果说身体姣好是爱美人士的战斗目标，那么增强体质则是人们的终极目的。无论是清宿便、排肠毒，还是消脂肪、除水肿，减肥只是表象，强身才是本质，瘦得健康才是终极追求。本章提供了73款蔬果汁的制作方法，所推荐的蔬果汁均具有增强体质、提高免疫力的功效，让你在减肥瘦身的同时保有健康。

# 橘子酸奶汁

### ♣ 原料
橘子·······································2 个
酸奶·································· 250 毫升
冰糖适量

### ● 做法
1. 将橘子洗净，去皮、去籽、去内膜。
2. 将橘子放入榨汁机内榨出汁。
3. 将橘子汁倒入杯中，加入酸奶和冰糖，搅拌均匀即可。

### ✖ 功效解读
橘子富含多种营养元素，维生素C具有美容作用，柠檬酸能够消除疲劳，果胶能够帮助排便、降低胆固醇，橘皮苷能加强毛细血管的韧性、降血压。此款蔬果汁在减肥瘦身的同时，还能预防心脑血管疾病。

⊕ 制作时间：5分钟　　✖ 制作成本：7元

# 胡萝卜橘子牛奶

### ♣ 原料
胡萝卜·······························80 克
橘子···································· 1 个
牛奶·································150 毫升
柠檬···································半个

### ● 做法
1. 将胡萝卜洗净，去皮，切成小块；将橘子剥皮，去内膜，切成小块；柠檬洗净，切片。
2. 将胡萝卜、橘子和柠檬放入榨汁机中，再加入牛奶一起搅打成汁即可。

### ✖ 功效解读
胡萝卜富含的胡萝卜素在人体内可转化为维生素A，能提高机体免疫力；牛奶亦具有补中益气的功效。故此蔬果汁可强身健体、增强免疫力。

⊕ 制作时间：5分钟　　✖ 制作成本：7元

# 苹萝桑葚蜜汁

### ♣ 原料
苹果、柠檬······························各半个
胡萝卜·································80 克
桑葚·····································30 克
蜂蜜适量

### ● 做法
1. 将苹果洗净，去皮、去核，切块；将胡萝卜洗净，去皮，切块；桑葚洗净；柠檬洗净，切片。
2. 将苹果、胡萝卜、柠檬和桑葚放入榨汁机内搅打成汁。
3. 将蔬果汁倒入杯中，加蜂蜜搅匀即可。

### ✖ 功效解读
胡萝卜中富含维生素A，苹果富含柠檬酸、苹果酸等营养素，二者同用能够有效改善视力、增强抵抗力；桑葚具有补肝益肾、延缓衰老的功效。此款蔬果汁适合各年龄段人群饮用。

⏱ 制作时间：5分钟 ✖ 制作成本：7元

# 芒果哈密瓜牛奶

### ♣ 原料
芒果、哈密瓜···························各150 克
牛奶·································· 240 毫升
冰块适量

### ● 做法
1. 将芒果洗净，去皮、去核；将哈密瓜去皮、去籽，切块。
2. 将芒果、哈密瓜放入榨汁机内，加入牛奶搅打成汁即可。
3. 将果汁倒入杯中，加冰块搅匀即可。

### ✖ 功效解读
芒果、哈密瓜的维生素含量在水果中名列前茅，能够缓解眼部疲劳、促进机体的新陈代谢。故此款蔬果汁具有消除疲劳、恢复体力的功效。

⏱ 制作时间：5分钟 ✖ 制作成本：8元

# 甜椒柠檬果汁

## ♣ 原料

甜椒·····································100 克
柠檬········································· 1 个
水 ·····································30 毫升
冰糖适量

## ● 做法

1. 将柠檬洗净，对切，用压汁机压汁，备用。
2. 将甜椒洗净，去蒂，对切，去籽，也榨成汁备用。
3. 将柠檬汁、甜椒汁倒入杯中混合，加入冰糖和水搅匀即可。

## ✖ 功效解读

甜椒中含有丰富的维生素C，能够祛除黑斑、促进血液循环；所含的胡萝卜素能有效对抗白内障，保护视力。此款蔬果汁能够帮助恢复体力、消除疲劳。

⊕ 制作时间：6分钟　　✖ 制作成本：5元

# 蜜枣黄豆牛奶

## ♣ 原料

干蜜枣·····································3 颗
牛奶···································· 240 毫升
黄豆粉····································2 小匙
蚕豆·····································50 克
冰糖适量

## ● 做法

1. 将干蜜枣用温开水泡软；将蚕豆用开水煮过后剥掉外皮，切成小丁。
2. 将干蜜枣、黄豆粉、冰糖和蚕豆一起放入榨汁机内，加牛奶搅打成汁即可。

## ✖ 功效解读

蜜枣含有丰富的铁和B族维生素，能促进人体对铁的吸收；黄豆营养全面，能够阻止人体对胆固醇的吸收，适合动脉硬化者食用。此款蔬果汁能够强身健体，还可以预防贫血。

⊕ 制作时间：12分钟　　✖ 制作成本：6元

# 胡萝卜苹果橘汁

♣ 原料

橘子、苹果 ·······································各1个
胡萝卜 ·············································80 克

● 做法

1. 将胡萝卜洗净，去皮，切成小块；苹果洗净，去皮、去核，切成小块；橘子剥皮，去籽。
2. 将胡萝卜、橘子和苹果放入榨汁机内榨成汁即可。

✖ 功效解读

橘子所含的柠檬酸能够消除疲劳；胡萝卜营养丰富，能够补中益气、健胃消食、壮元阳、安五脏。此款蔬果汁如长期饮用，可增加抵抗力、预防感冒。

🕐 制作时间：5分钟　　✖ 制作成本：6元

# 柚子白萝卜蜜汁

♣ 原料

柚子、白萝卜·······························各100 克
蜂蜜·······································2 汤匙
水 ·······································240 毫升

● 做法

1. 将柚子去皮，切块；白萝卜洗净，削皮，磨成细泥，用纱布沥汁。
2. 将柚子块和白萝卜汁放入榨汁机内，再加水搅打成汁。
3. 将蔬果汁倒入杯中，加蜂蜜搅匀即可。

✖ 功效解读

柚子能够增强体质，帮助人体吸收钙和铁；白萝卜能促进消化、增强食欲，并能辅助治疗多种疾病。此款蔬果汁能清洁血液、美容养颜、增强免疫力。

🕐 制作时间：8分钟　　✖ 制作成本：5元

# 葡萄胡萝卜汁

❧ 原料

葡萄·······························100 克
胡萝卜····························200 克
柠檬·······························半个
水适量

♦ 做法

1. 将葡萄洗净；胡萝卜洗净，去皮，切成块；柠檬洗净，切成片。
2. 将葡萄、胡萝卜、柠檬放入榨汁机中，再加水榨成汁即可。

✖ 功效解读

葡萄营养价值很高，所含的糖分大多是能被人体直接吸收的葡萄糖，因此适合低血糖患者食用。此外，葡萄、胡萝卜和柠檬中均富含多种维生素，能够增强体力，有效预防感冒。

⏱ 制作时间：5分钟　　✖ 制作成本：5元

# 胡萝卜梨汁

❧ 原料

胡萝卜····························100 克
柠檬、梨··························各1 个

♦ 做法

1. 将胡萝卜洗净，去皮，切块；将梨洗净，去皮、去核，切块；柠檬洗净，切片。
2. 将胡萝卜、梨和柠檬一起放入榨汁机内，榨出汁即可。

✖ 功效解读

胡萝卜营养丰富，能够有效降低胆固醇含量，预防心脏疾病；梨具有清热祛火、润肺止咳的功效，能够改善呼吸系统疾病。此款蔬果汁能改善多种亚健康症状，增强身体抵抗力。

⏱ 制作时间：5分钟　　✖ 制作成本：6元

# 香蕉哈密瓜牛奶

### ♣ 原料
香蕉 ························································ 2 根
哈密瓜 ·················································· 150 克
脱脂牛奶················································ 200 毫升

### ♦ 做法
1. 将香蕉剥皮，切成大小适当的块；哈密瓜洗净，去皮、去籽，切成小块。
2. 将香蕉和哈密瓜放入榨汁机中，再加入牛奶搅打成汁即可。

### ✖ 功效解读
香蕉富含多种微量元素和维生素，能松弛肌肉，使人心情愉悦；哈密瓜营养丰富，具有抗氧化功效。故此款蔬果汁能减缓压力、增强人体抵抗力。

🕐 制作时间：5分钟　　✖ 制作成本：8元

# 沙田柚汁

### ♣ 原料
沙田柚 ················································· 500 克
水适量

### ♦ 做法
1. 将沙田柚的厚皮去掉，切成可放入榨汁机大小适当的块。
2. 将柚子肉放入榨汁机内，再加水榨成汁即可。

### ✖ 功效解读
沙田柚具有健胃、消食、补血、清肠、通便的功效；其所含的生理活性物质柚皮苷，能够降低血液的黏稠度，减少血栓的形成。故此款蔬果汁既可强身健体，又能预防心脑血管疾病。

🕐 制作时间：4分钟　　✖ 制作成本：4元

# 苹茄双菜酸奶汁

♣ 原料

生菜、芹菜 ················· 各50 克
苹果、西红柿················各1 个
酸奶·················· 250 毫升

● 做法

1. 将生菜洗净，撕成片；芹菜洗净，去叶，茎切成段；西红柿洗净，切成小块；苹果洗净，去皮、去核，切成块。
2. 将生菜、芹菜、西红柿和苹果放入榨汁机内，再加入酸奶搅打成汁即可。

✖ 功效解读

苹果、西红柿、芹菜、生菜均富含膳食纤维，有减肥功效；生菜中还含有干扰素诱导剂，能刺激人体的正常细胞产生干扰素，从而抵抗病毒，提高人体的免疫力。故此款蔬果汁具有减肥瘦身和强身健体的双重功效。

🕐 制作时间：6分钟　　✖ 制作成本：8元

# 西红柿生菜汁

♣ 原料

西红柿 ·················· 2 个
生菜·················· 100 克
柠檬·················· 1 个

● 做法

1. 将西红柿洗净，切成小块；将芹菜洗净，切成小段；柠檬洗净，切片。
2. 将所有原料放入榨汁机内榨成汁即可。

✖ 功效解读

西红柿能够提供人体必须的多种维生素和矿物质，所含的膳食纤维能够清除体内垃圾；生菜具有提高人体免疫力的功效。故此款蔬果汁具有强身健体和减肥瘦身的双重功效。

🕐 制作时间：5分钟　　✖ 制作成本：6元

# 西红柿柚子酸奶

## ♣ 原料

西红柿 ·······················2 个
柚子 ·······························1 个
柠檬 ···························半个
酸奶 ·····················240 毫升
冰糖 ·························20 克

## ● 做法

1. 将西红柿洗净，切块；将柚子去皮，剥掉内膜，切块；柠檬洗净，切片。
2. 将西红柿、柚子和柠檬放入榨汁机内，再加入酸奶搅打成汁。
3. 将蔬果汁倒入杯中，加入冰糖搅匀即可。

## ✖ 功效解读

柚子中所含的柚皮苷元和橙皮素，能抗菌、抗病毒；西红柿营养丰富，与富含钙质的酸奶搭配，能够抑制因为盐分摄取过量所导致的血压升高。故此款蔬果汁不仅能提高人体免疫力，而且还有防治高血压的作用。

🕐 制作时间：5分钟　　✖ 制作成本：8元

# 葡萄胡萝卜酸奶

## ♣ 原料

葡萄 ·····························150 克
胡萝卜 ························50 克
酸奶 ·····················200 毫升
碎冰适量

## ● 做法

1. 将胡萝卜洗净，去皮，切成大小适合的块；将葡萄洗净。
2. 将葡萄和胡萝卜放入榨汁机内，再加入酸奶搅打成汁。
3. 将蔬果汁倒入杯中，加碎冰搅匀即可。

## ✖ 功效解读

葡萄含有丰富的葡萄糖，并且富含钾，能够帮助人体排出多余的钠，从而预防高血压，打汁时连皮一起效果更好。故此款蔬果汁适合高血压患者饮用。

🕐 制作时间：5分钟　　✖ 制作成本：6元

# 橘子柳蜜汁

### ♣ 原料
橘子·······························2 个
柳橙·······························1 个
蜂蜜·····························2 小匙
水······························200 毫升

### ♠ 做法
1. 将橘子剥皮，撕成小块；柳橙洗净，切块。
2. 将橘子、柳橙一起放入榨汁机中，再加水榨汁。
3. 将果汁倒入杯中，加蜂蜜搅匀即可。

### ✖ 功效解读
此款蔬果汁富含多种维生素和矿物质，不仅能减肥瘦身，而且也适合心脑血管及肝病患者饮用。

⊕ 制作时间：8分钟　✖ 制作成本：5元

# 南瓜柳橙牛奶

### ♣ 原料
南瓜···························· 100 克
柳橙·······························半个
牛奶··························· 200 毫升

### ♠ 做法
1. 将南瓜洗干净，去掉外皮，放入锅中蒸熟。
2. 将柳橙去皮，切成大小适中的块。
3. 将南瓜、柳橙、牛奶倒入榨汁机内榨汁即可。

### ✖ 功效解读
南瓜含有丰富的微量元素、果胶，能够降低血糖，增强肝肾功能；柳橙富含维生素A和维生素C，具有抗氧化功效。此款蔬果汁营养丰富，可排毒瘦身、延缓衰老，还能有效改善肝功能。

⊕ 制作时间：10分钟　✖ 制作成本：5元

# 菠菜牛奶汁

## ♣ 原料

菠菜·······························2 棵
牛奶··························· 200 毫升
蜂蜜适量

## ● 做法

1. 将菠菜洗净，切碎，和牛奶一起放入榨汁机中榨成汁。
2. 将榨好的蔬果汁倒入杯中，再加入蜂蜜搅匀即可。

## ✖ 功效解读

菠菜热量低，且富含多种维生素、膳食纤维和铁元素，是高营养的减肥蔬菜；牛奶的营养价值很高，是人体钙的最佳来源。此款蔬果汁能够均衡营养、增强人体免疫力。

🕒 制作时间：5分钟　　✖ 制作成本：3元

# 葡萄卷心菜汁

## ♣ 原料

葡萄、卷心菜······················各100 克
蜂蜜·····························2 小匙
柠檬汁··························· 20 毫升

## ● 做法

1. 将葡萄洗净；卷心菜洗净，切片。
2. 将葡萄和卷心菜放入榨汁机中榨成汁。
3. 将榨好的蔬果汁滤渣后倒入杯中，加入蜂蜜和柠檬汁调匀即可。

## ✖ 功效解读

葡萄具有很强的抗氧化能力，能够帮助消除疲劳、恢复体力；卷心菜能提高人体免疫力、预防感冒，还有抗菌消炎的作用。此款蔬果汁营养丰富且易吸收，能使人精力充沛。

🕒 制作时间：5分钟　　✖ 制作成本：5元

# 胡萝卜山竹汁

⏱ 制作时间：5分钟　　✖ 制作成本：10元

♣ **原料**

胡萝卜·······················50 克
山竹······························2 个
柠檬······························1 个
水·························100 毫升

● **做法**

1. 将胡萝卜洗净，去皮，切成薄片；将山竹洗净，去壳；将柠檬洗净，切片。

2. 将胡萝卜、山竹和柠檬放入榨汁机，加入水，搅打成汁即可。

✖ **功效解读**

山竹富含蛋白质、糖类、脂类和多种矿物质，具有较强的抗氧化作用和保健功效，能够清热解毒、改善皮肤状况；胡萝卜能够增强人体免疫力，保护多个脏器。此款蔬果汁对体弱、营养不良以及病后调养都有较好效果。

**爱心贴士**

　　胡萝卜富含的胡萝卜素在人体内可转化为维生素A，能提高人体免疫力，间接消灭癌细胞。研究表明，每天吃2~3根胡萝卜，有助于预防心脏病和肿瘤。

# 木瓜苹果汁

## ❧ 原料

木瓜·····························200 克
苹果·····························100 克
水·································30 毫升
柠檬汁·····························10 毫升

## ♦ 做法

1. 将木瓜洗净，去皮、去籽，切成小块；将苹果洗净，去皮，切小块。
2. 将木瓜和苹果放入榨汁机中，再加入水搅打成汁。
3. 将果汁倒入杯中，加柠檬汁搅匀即可。

## ✖ 功效解读

木瓜能促进消化、排毒、增强人体免疫力，还有很强的抗氧化能力；苹果有助于缓解压力。故此款蔬果汁能强健体魄、放松心情。

🕐 制作时间：5分钟　✖ 制作成本：6元

🕐 制作时间：5分钟　✖ 制作成本：7元

# 小白菜苹果牛奶

## ❧ 原料

小白菜·····························100 克
青苹果·····························1/4 个
牛奶·······························240 毫升
柠檬汁·····························20 毫升

## ♦ 做法

1. 将小白菜洗净，去根部，切成小段；青苹果洗净，去皮、去核，切小块。
2. 将小白菜、青苹果一起放入榨汁机中搅打成汁，过滤菜渣后倒入杯中。
3. 将柠檬汁和牛奶倒入杯中，一起搅匀即可。

## ✖ 功效解读

小白菜能通利肠胃；苹果可健胃消食；牛奶能补中益气。故此款蔬果汁能滋补身体，还可以缓解由内热引起的口干舌燥症状。

# 葡萄香蕉蜜奶

### ♣ 原料
葡萄·····················100 克
香蕉····················· 1 根
牛奶····················100 毫升
碎冰····················· 50 克
蜂蜜····················· 1 小匙

### ● 做法
1. 将葡萄洗净；香蕉去皮，切块。
2. 将葡萄和香蕉放入榨汁机中，加入碎冰和牛奶搅匀，再倒入杯中。
3. 在杯中加入蜂蜜调匀即可。

### ✖ 功效解读
葡萄有很强的抗氧化能力，具有滋补强身、延年益寿的作用；香蕉中所含的钾能防止血压上升，所含的镁能够消除疲劳。此款蔬果汁能提供人体所需的多种营养素，使人精力充沛。

⊕ 制作时间：5分钟　　✖ 制作成本：7元

# 鳄梨牛奶

### ♣ 原料
鳄梨····················· 1 个
牛奶····················· 200 毫升
柠檬汁····················10 毫升

### ● 做法
1. 将鳄梨洗净，去皮、去核，对切，切成小块。
2. 将鳄梨放入榨汁机中，再加入牛奶搅打成汁，倒入杯中。
3. 在杯中加入柠檬汁调匀即可。

### ✖ 功效解读
鳄梨富含多种矿物质和 $\beta$ -胡萝卜素，牛奶能为人体提供优质蛋白。此款蔬果汁具有补充元气的功效，但热量和脂肪含量偏高，减肥者或限制脂肪摄取的人应适量饮用。

⊕ 制作时间：5分钟　　✖ 制作成本：6元

# 杏桃牛奶

**♣ 原料**

杏 ································· 4 个
水蜜桃 ·························· 1 个
牛奶····························· 200 毫升
柠檬汁························· 10 毫升
冰块适量

**● 做法**

1. 将杏洗净，去核；将水蜜桃洗净，去皮、去核，切块。
2. 将杏和水蜜桃放入榨汁机，再加牛奶搅打成汁。
3. 将果汁倒入杯中，加冰块和柠檬汁搅匀即可。

**✖ 功效解读**

杏性温热，且营养丰富，能加速人体新陈代谢的速度；水蜜桃则富含蛋白质、铁及维生素C。此款蔬果汁可滋补身体，使精神饱满。

🕐 制作时间：15分钟　　✖ 制作成本：7元

# 芒果橘子蛋蜜奶

**♣ 原料**

芒果································· 100 克
橘子································· 半个
蛋黄································· 1 个
牛奶································· 240 毫升
小麦胚芽、蜂蜜各适量

**● 做法**

1. 将芒果洗净，去皮、去核；橘子剥皮，去籽。
2. 将芒果、橘子、蛋黄、小麦胚芽放入榨汁机中，加牛奶搅打成汁。
3. 将蔬果汁倒入杯中，加入蜂蜜调匀即可。

**✖ 功效解读**

芒果富含胡萝卜素，橘子含有维生素C，牛奶能提供充足的钙质；蛋黄和小麦胚芽均富含B族维生素和维生素E。此款蔬果汁具有很高的营养价值，有助于消除疲劳、增强抵抗力。

🕐 制作时间：5分钟　　✖ 制作成本：7元

# 猕猴桃葡萄柚汁

🕐 制作时间：8分钟　　✖ 制作成本：7元

## ♣ 原料

猕猴桃 ···································· 2 个
葡萄柚 ···································· 半个
柠檬汁 ································· 10 毫升
水、冰块各适量

## ● 做法

1. 将猕猴桃去皮、切块；葡萄柚去皮，切块。

2. 将葡萄柚放入榨汁机中榨汁，备用。

3. 将猕猴桃放入榨汁机，再加入葡萄柚汁和水搅打均匀；倒入杯中，调入柠檬汁和冰块即可。

## ✖ 功效解读

猕猴桃富含多种维生素、微量元素和人体必需的氨基酸；葡萄柚亦含有丰富的营养成分，如维生素P、维生素C和钾等。此款蔬果汁非常适合常吃泡面、快餐的人补充维生素。

爱心贴士

葡萄柚能够降低体内胆固醇，适合心血管疾病患者食用；但葡萄柚与多种药物存在相互作用，影响药物代谢，高血压患者及正在服药者应慎用。

# 葡萄柚柳橙汁

## ♣ 原料

葡萄柚 ································· 1 个
柳橙 ································· 半个
水适量

## ♠ 做法

1. 将葡萄柚去皮，切块；柳橙去皮，切块。
2. 将柳橙和葡萄柚放入榨汁机，再加水搅打成汁即可。

## ✖ 功效解读

葡萄柚含有丰富的维生素C和柠檬酸，能够促进伤口愈合，帮助铁质吸收；柳橙可以抗氧化、降低胆固醇含量。此款蔬果汁除了能降低胆固醇，还可以增强抵抗力。

⏱ 制作时间：5分钟　　✖ 制作成本：6元

⏱ 制作时间：5分钟　　✖ 制作成本：4元

# 红黄甜椒汁

## ♣ 原料

红甜椒、黄甜椒 ···················· 各半个
水 ···························· 120 毫升

## ♠ 做法

1. 将红甜椒、黄甜椒均洗净，去籽，切成长条状，备用。
2. 将红甜椒、黄甜椒放入榨汁机，再加入水搅打成汁即可。

## ✖ 功效解读

甜椒中含有丰富的维生素C、维生素A和胡萝卜素，能够促进血液循环、增强抵抗力、使人体能抵抗病毒侵害。此款蔬果汁不但能够预防感冒，还可预防牙龈出血和癌症的发生。

# 菠菜汁

## ♣ 原料

菠菜·····································300 克
水 ·····································100 毫升
碎冰·····································50 克

## ♦ 做法

1. 将菠菜洗净，切碎，放入榨汁机，再加水搅打成汁，滤渣备用。
2. 将碎冰放入杯中，再倒入菠菜汁，并以搅拌棒拌匀即可。

## ✖ 功效解读

菠菜中富含维生素A、钙和铁等微量元素，具有增强抵抗力、改善肤质、治疗贫血、预防感冒的功效；所含的维生素C还有助于促进伤口愈合、强化血管，进而实现强身健体的功效。

🕒 **制作时间：5分钟**　　✖ **制作成本：3元**

# 西蓝花鳄梨汁

## ♣ 原料

西蓝花 ·····································100 克
鳄梨·····································70 克
核桃仁 ·····································10 克
乳酸菌饮料 ·····································100 毫升
柠檬汁、蜂蜜各适量

## ♦ 做法

1. 将西蓝花洗净，去梗，切小朵；将鳄梨洗净，去皮、去籽，切块，淋上柠檬汁拌匀；将核桃仁切碎。
2. 将西蓝花、鳄梨、核桃仁放入榨汁机，再加乳酸菌饮料搅打成汁。
3. 将蔬果汁倒入杯中，加蜂蜜搅匀即可。

## ✖ 功效解读

此款蔬果汁具有增强免疫力的功效，能有效预防感冒等常见病。

🕒 **制作时间：7分钟**　　✖ **制作成本：7元**

# 紫甘蓝橘子汁

☘ 原料

紫甘蓝、芹菜·······························各100克
胡萝卜·····································30克
橘子······································1个
水、柠檬汁、蜂蜜各适量

● 做法

1. 将紫甘蓝和芹菜均洗净，切块；胡萝卜洗净，去皮，切块；橘子剥皮、去籽。
2. 将紫甘蓝、胡萝卜、芹菜和橘子放入榨汁机中，加入水搅打成汁。
3. 将榨好的蔬果汁倒入杯中，加入柠檬汁和蜂蜜调匀即可。

✖ 功效解读

常喝此款蔬果汁能够增强抵抗力、保持身体健康，并且能为人体补充多种维生素。

🕓 制作时间：5分钟　　✖ 制作成本：6元

🕓 制作时间：5分钟　　✖ 制作成本：5元

# 西红柿芹菜蜜汁

☘ 原料

西红柿·····································2个
芹菜······································100克
胡萝卜·····································20克
水········································100毫升
盐、蜂蜜各适量

● 做法

1. 将西红柿洗净，去蒂，切块；芹菜洗净，切段；胡萝卜洗净，去皮，切片。
2. 将西红柿、芹菜及胡萝卜放入榨汁机中，再加入水搅打成汁。
3. 将打好的蔬果汁倒入杯中，依个人口味加入盐和蜂蜜搅拌均匀即可。

✖ 功效解读

此款蔬果汁能够抗氧化，有增强免疫力、抗衰老、美容养颜的作用。

# 芝麻香蕉菠萝汁

## ♣ 原料

黑芝麻粉·······························1 小匙
香蕉····································· 1 根
菠萝···································· 20 克
牛奶································· 150 毫升

## ♠ 做法

1. 将香蕉去皮，切块；将菠萝去皮，洗净，切块。
2. 将黑芝麻粉、香蕉和菠萝放入榨汁机中，再加入牛奶搅打成汁即可。

## ✖ 功效解读

香蕉含有多种微量元素和维生素，能够缓解肌肉紧张；黑芝麻粉和牛奶均含有丰富的钙质，能够预防骨质疏松。此款蔬果汁口感丰富，能够补充人体流失的钙质。

🕐 ┊ 制作时间：5分钟　　✖ ┊ 制作成本：7元

# 黑豆蜜汁

## ♣ 原料

黑豆·······························200 克
蜂蜜······························ 20 毫升

## ♠ 做法

1. 将黑豆洗净，泡水30分钟；然后将黑豆放入锅中煮沸，再转小火熬煮40分钟。
2. 将煮好的黑豆放入榨汁机榨成汁，滤渣后倒入杯中。
3. 饮用时加蜂蜜调味即可。

## ✖ 功效解读

此款蔬果汁高蛋白、低能量，所含的异黄酮素、花青素有较强的抗氧化效果，具有净化血液、解毒、消除水肿的功效；此外还能够活化细胞、抑制大脑老化、增强人体活力。

🕐 ┊ 制作时间：80分钟　　✖ ┊ 制作成本：5元

# 猕猴桃菠萝汁

**❀ 原料**

猕猴桃、水蜜桃 ·······················各1 个
菠萝·································50 克
酸奶·······························100 毫升

**♦ 做法**

1. 将猕猴桃去皮，切块；水蜜桃洗净，去皮、去核，切块；菠萝去皮，洗净，切块。
2. 将猕猴桃、水蜜桃和菠萝放入榨汁机中，加入酸奶搅打成汁即可。

**❂ 功效解读**

猕猴桃富含维生素C和抗氧化物质，能够增强人体免疫能力；水蜜桃和菠萝富含膳食纤维；酸奶含有优良的乳酸菌群。此款蔬果汁具有延缓衰老的功效，还具有美容清肠的功效。

制作时间：5分钟　　制作成本：8元

# 香瓜牛奶汁

**❀ 原料**

香瓜···································2 个
牛奶·······························100 毫升

**♦ 做法**

1. 将香瓜去皮，对切，去籽，切块。
2. 将香瓜放入榨汁机，加入牛奶搅打成汁，倒入杯中即可饮用。

**❂ 功效解读**

牛奶中含有人体必需的多种矿物质；香瓜有促进人体代谢的作用。此款蔬果汁具有较强的补益作用。

制作时间：5分钟　　制作成本：8元

# 菠萝百香果汁

**❀ 原料**

菠萝·········································· 100 克
百香果······································· 2 个
水············································· 50 毫升
蜂蜜·········································· 1 小匙

**● 做法**

1. 将菠萝去皮，洗净并切块；百香果洗净，挖出果肉，备用。
2. 将菠萝和百香果放入榨汁机中，再加入水搅打成汁。
3. 将蔬果汁倒入杯中，加入蜂蜜调匀即可。

**✖ 功效解读**

菠萝富含膳食纤维，具有帮助消化、促进新陈代谢的功效；百香果汁液丰富、香味浓郁，富含维生素和有机酸。此款蔬果汁能够有效改善体质，还能帮助降低血压。

⏲ 制作时间：5分钟　　✖ 制作成本：7元

# 西蓝花胡萝卜汁

**❀ 原料**

西蓝花······································ 2 朵
胡萝卜······································ 半根
甜椒········································· 半个
水············································ 200 毫升

**● 做法**

1. 将西蓝花洗净，在沸水中焯一下，切成块；胡萝卜洗净，切成块；将甜椒洗净，去籽，切成块状。
2. 将准备好的西蓝花、胡萝卜、甜椒和水一起放入榨汁机中榨汁即可。

**✖ 功效解读**

西蓝花含有多种人体所需的营养元素；甜椒富含多种维生素及微量元素；胡萝卜又被称为"小人参"，能够补充人体所需的营养物质。此款蔬果汁能有效增强人体的抗病能力。

⏲ 制作时间：8分钟　　✖ 制作成本：5元

# 猕猴桃薄荷汁

## ♣ 原料

猕猴桃 ······················· 1 个
苹果 ························· 半个
薄荷叶 ······················· 2 片

## ♦ 做法

1. 将猕猴桃去皮，切成四块；将苹果洗净，去皮、去核，切块；将薄荷叶洗净。
2. 先将薄荷叶放入榨汁机中搅碎，再加入猕猴桃、苹果块，一起搅打成汁即可。

## ✖ 功效解读

猕猴桃中含有一种抗突变成分——谷胱甘肽，能够抑制诱发癌症的基因突变，此外还能够增强免疫功能，消除紧张疲劳。此款蔬果汁不但具有健体强身的功效，还能够美白润肤。

🕐 制作时间：7分钟　　✖ 制作成本：5元

🕐 制作时间：8分钟　　✖ 制作成本：6元

# 哈密瓜奶蜜汁

## ♣ 原料

哈密瓜 ····················· 100 克
牛奶 ······················ 100 毫升
蜂蜜 ························· 1 汤匙
水适量

## ♦ 做法

1. 将哈密瓜去皮、去籽，放入榨汁机榨汁。
2. 将榨好的哈密瓜汁、牛奶一起放入榨汁机中，再加入水、蜂蜜，搅打成汁即可。

## ✖ 功效解读

哈密瓜富含钾，钾能保持正常的心率和血压、有效预防冠心病，并能防止肌肉痉挛；牛奶营养丰富，能够增强人体的免疫能力。此款蔬果汁能预防疾病，使机体尽快恢复活力。

# 沙田柚菠萝汁

## ♣ 原料

菠萝····································50 克
沙田柚··································100 克
蜂蜜适量

## ♦ 做法

1. 将菠萝去皮，洗净，切块；沙田柚去皮，去籽，切块。
2. 将菠萝和沙田柚放入榨汁机搅打成汁，再加入蜂蜜拌匀即可。

## ✖ 功效解读

菠萝含有的菠萝蛋白酶能够分解蛋白质、帮助消化，改善血液循环、预防脂肪沉积；沙田柚能降低血液黏稠度，减少血栓的形成。此款蔬果汁能预防心脑血管疾病。

🕑 制作时间：5分钟　　✖ 制作成本：5元

# 芒果蜂蜜酸奶

## ♣ 原料

芒果·······································2 个
柠檬汁··································50 毫升
碎冰····································100 克
蜂蜜、酸奶各适量

## ♦ 做法

1. 将芒果洗净，去皮、去核，切成块。
2. 将芒果放入榨汁机，再加入酸奶、柠檬汁搅打成汁。
3. 将蔬果汁倒入杯中，加蜂蜜和碎冰搅匀即可。

## ✖ 功效解读

芒果含有丰富的维生素C和矿物质，具有滋润肌肤、增强体质的功效；柠檬具有降低血糖、抗坏血病的作用。此款蔬果汁能预防心脑血管疾病，适合高血压患者饮用。

🕑 制作时间：5分钟　　✖ 制作成本：8元

# 荔枝酸奶

### ❧ 原料

荔枝···························8 个
酸奶·····················200 毫升

### ● 做法

1. 将荔枝去壳与核，备用。
2. 将荔枝放入榨汁机中，再倒入酸奶，一起搅打成汁即可。

### ✖ 功效解读

荔枝含有丰富的糖分、维生素和蛋白质，能够促进毛细血管的血液循环，具有祛斑美白的功效。与酸奶一同榨汁饮用，能够快速补充人体能量，减轻疲劳。

🕒 制作时间：5分钟　　✖ 制作成本：7元

🕒 制作时间：5分钟　　✖ 制作成本：4元

# 甜椒双菜汁

### ❧ 原料

甜椒···························1 个
芹菜··························30 克
油菜··························50 克
柠檬汁适量

### ● 做法

1. 甜椒洗净，去蒂和籽；油菜洗净；芹菜洗净，切段。
2. 将甜椒、油菜和芹菜一起放入榨汁机榨汁。
3. 倒入杯中，加柠檬汁搅匀即可。

### ✖ 功效解读

甜椒富含维生素，有促进食欲、增强体质的功效；芹菜能够安定情绪、消除烦躁；油菜能够降低血脂，具有美容保健作用。此款蔬果汁能够促进消化，提高人体免疫力。

# 黄瓜西瓜芹菜汁

### ♣ 原料
黄瓜·······················半根
西瓜······················ 150 克
芹菜······················ 20 克

### ♦ 做法
1. 黄瓜洗净，去皮，切条；西瓜去皮和籽，切成块；芹菜去叶，洗净，切成小段。
2. 将黄瓜、西瓜和芹菜放入榨汁机中，榨成汁即可饮用。

### ✖ 功效解读
黄瓜具有抗肿瘤、抗衰老、健脑安神的功效；西瓜能降低血脂、软化血管；芹菜有降低血压、健脑镇静的作用。此款蔬果汁制作简单，营养丰富，是夏季镇静安神的佳品。

🕐 制作时间：5分钟　　✖ 制作成本：4元

# 甘蔗蔬菜汁

### ♣ 原料
西红柿 ····················· 1 个
卷心菜 ···················· 100 克
甘蔗······················300 克
冰块适量

### ♦ 做法
1. 西红柿洗净，切块；卷心菜洗净，撕成片。
2. 甘蔗去皮，切块，放入榨汁机，榨汁备用。
3. 将西红柿和卷心菜放入榨汁机内，加入甘蔗汁搅打成汁，饮用时加冰块即可。

### ✖ 功效解读
卷心菜富含维生素A和维生素C，具有很强的抗氧化、抗衰老作用；甘蔗富含人体所需的多种营养和热量，能促进人体新陈代谢。此款蔬果汁能提供多种营养成分，增强人体免疫力。

🕐 制作时间：8分钟　　✖ 制作成本：6元

# 卷心菜胡萝卜汁

## ♣ 原料

卷心菜、胡萝卜 ······························· 各50 克
柠檬汁 ································· 10 毫升

## ♦ 做法

1. 卷心菜洗净，撕成片；胡萝卜洗净，切成细长条。
2. 将卷心菜和胡萝卜放入榨汁机中榨成汁。
3. 倒入杯中，加入柠檬汁调匀即可。

## ✖ 功效解读

卷心菜具有很强的抗氧化和抗衰老功效，所含的萝卜硫素能刺激人体细胞产生有益酶，具有抗癌作用；胡萝卜能防止血管硬化、降低胆固醇。此款蔬果汁能够抗衰老、增强免疫力。

⊕ 制作时间：5分钟　　✖ 制作成本：3元

# 莲藕胡萝卜汁

## ♣ 原料

莲藕、胡萝卜 ······························· 各100 克
水 ································· 50 毫升

## ♦ 做法

1. 将莲藕、胡萝卜均洗净，去皮，切块。
2. 将莲藕和胡萝卜放入榨汁机，加入水一起搅打成汁，滤出果肉即可。

## ✖ 功效解读

莲藕既可食用又可药用，具有利尿通便，帮助排泄体内的废物和毒素的功效；胡萝卜能增强人体免疫力，有抗癌作用。此款蔬果汁能提高人体抵抗力，适合冬季饮用。

⊕ 制作时间：5分钟　　✖ 制作成本：3元

# 卷心菜土豆汁

### ❀ 原料
卷心菜、南瓜……………………… 各50 克
土豆………………………………………… 1 个
牛奶…………………………… 200 毫升
冰水、蜂蜜各适量

### ● 做法
1. 将土豆洗净，去皮，切块；南瓜去籽，切块后焯熟；卷心菜洗净后切块。
2. 将土豆、南瓜和卷心菜放入榨汁机，再加入牛奶和冰水一起搅打成汁，滤出果肉。
3. 将蔬果汁倒入杯中，加蜂蜜调匀即可。

### ❈ 功效解读
南瓜含有人体所需的多种氨基酸和微量元素，能够降低血糖、消除致癌物质；土豆富含蛋白质和维生素C。此款蔬果汁具有增强免疫力的功效，适合各类人群饮用。

🕐 制作时间：15分钟　❌ 制作成本：8元

---

# 双菜胡萝卜汁

### ❀ 原料
菠菜………………………………… 100 克
胡萝卜、卷心菜 ………………… 各50 克
西芹…………………………………… 60 克
冰糖适量

### ● 做法
1. 菠菜洗净，去根，切成小段；胡萝卜洗净，去皮，切小块；卷心菜洗净，撕成块；西芹洗净，切成小段。
2. 将准备好的原料放入榨汁机榨成汁。
3. 倒入杯中，加冰糖搅匀即可。

### ❈ 功效解读
菠菜能够辅助治疗贫血；卷心菜、西芹富含膳食纤维，能够改善肠胃功能；胡萝卜富含维生素。此款蔬果汁能够增强人体免疫力，提高人体抗病能力。

🕐 制作时间：6分钟　❌ 制作成本：5元

# 白萝卜芹菜汁

## ♣ 原料

大蒜……………………………………1 瓣
白萝卜………………………………300 克
芹菜…………………………………100 克
水适量

## ● 做法

1. 大蒜去皮，洗净；白萝卜洗净后去皮，切块；芹菜洗净，切小段。
2. 将所有蔬菜放入榨汁机中，再加入水榨成汁，倒入杯中即可。

## ✖ 功效解读

大蒜具有很强的抗菌消炎作用，能够降低血糖、预防肿瘤；白萝卜和芹菜富含维生素和膳食纤维，能增强肠胃蠕动。此款蔬果汁不但能够预防感冒，还可以排毒养颜。

🕐 制作时间：6分钟　　✖ 制作成本：4元

# 油菜芹菜汁

## ♣ 原料

油菜、卷心菜………………………… 各50 克
芹菜…………………………………… 100 克
柠檬汁适量

## ● 做法

1. 芹菜洗净，切段；卷心菜和油菜均洗净。
2. 用卷心菜叶包裹芹菜，放入榨汁机；然后放入油菜一起榨汁。
3. 将榨好的蔬果汁滤渣倒入杯中，再加柠檬汁搅匀即可。

## ✖ 功效解读

油菜是低脂肪蔬菜，与卷心菜和芹菜一起搭配榨汁，含有丰富的微量元素和膳食纤维，能够调节肠胃功能、解毒消肿、增强免疫力。制作时去掉老的部分，能使口感更好。

🕐 制作时间：8分钟　　✖ 制作成本：3元

# 莲藕柿子汁

### ☘ 原料

莲藕·······························30 克
柿子·······························90 克
生姜·······························5 克
冰水························· 300 毫升
蜂蜜···························1 小匙

### ● 做法

1. 将莲藕和柿子均洗净，去皮，切块；生姜洗净，去皮，切块。
2. 将莲藕、柿子和生姜放入榨汁机，再加入冰水一起搅打成汁。
3. 将打好的蔬果汁滤出果肉倒入杯中，加入蜂蜜调匀即可。

### ✖ 功效解读

柿子能改善血液循环，具有消肿、抗炎作用；莲藕含有黏蛋白和膳食纤维，能减少人体对脂肪的吸收。故此款蔬果汁不仅能减肥瘦身，还能预防心脑血管疾病。

⊙ 制作时间：7分钟　　✖ 制作成本：6元

# 白萝卜生姜汁

### ☘ 原料

白萝卜························· 150 克
生姜·························· 30 克
蜂蜜适量

### ● 做法

1. 将白萝卜与生姜均洗净，去皮磨碎，用纱布过滤汁液。
2. 将过滤好的汁液倒入杯中，再加入蜂蜜拌匀即可。

### ✖ 功效解读

白萝卜含芥子油、淀粉酶和粗纤维，能够促进消化、加强胃肠蠕动，可以辅助治疗多种疾病；生姜有很强的抗氧化和清除自由基能力。此款蔬果汁能够预防感冒，增强抵抗力。

⊙ 制作时间：10分钟　　✖ 制作成本：4元

# 参须蜜奶

## ♣ 原料
人参须·······················200 克
牛奶·························150 毫升
蜂蜜··························2 小匙

## ♠ 做法
1. 将人参须用水洗净。
2. 将人参须、牛奶放入榨汁机，搅打成汁。
3. 倒入杯中，加蜂蜜搅匀即可。

## ✖ 功效解读
细长的参须虽肉少皮多，但人参皂苷的含量较高，具有促进机体细胞免疫能力、抗肿瘤的功效；与牛奶、蜂蜜搭配榨汁，营养丰富，能增强身体抵抗力，降低患癌症的风险。

⏱ 制作时间：6分钟　　✖ 制作成本：55元

# 南瓜豆浆汁

## ♣ 原料
南瓜··························60 克
豆浆·························150 毫升
冰糖适量

## ♠ 做法
1. 南瓜去籽，洗净，切小块，排列在耐热容器中，盖上保鲜膜放入微波炉加热1分半钟。
2. 待南瓜冷却后去皮，与豆浆一起放入榨汁机中榨汁。
3. 在榨好的南瓜豆浆汁中加入冰糖，搅拌均匀即可。

## ✖ 功效解读
南瓜具有补中益气，降血脂、降血糖的功效，所含的南瓜多糖是一种非特异性免疫增强剂，能提高机体免疫功能；与豆浆搭配榨汁，营养丰富，适合各类人群饮用。

⏱ 制作时间：9分钟　　✖ 制作成本：5元

# 胡萝卜柑橘汁

### ♣ 原料
胡萝卜……………………………………200 克
柑橘………………………………………6 个
冰块适量

### ● 做法
1. 胡萝卜洗净，切成大块；柑橘洗净，去皮、去籽，切块。
2. 先将柑橘块放入榨汁机中榨汁，再放入胡萝卜块一起搅打成汁。
3. 将打好的蔬果汁倒入盛有冰块的杯中即可。

### ✖ 功效解读
胡萝卜富含胡萝卜素，具有降低胆固醇、清除自由基的功效；柑橘中含有多种对人体有益的保健物质。此款蔬果汁能增强人体免疫力，具有降低血压、延缓衰老的功效。

🕐 制作时间：6分钟　　✖ 制作成本：10元

# 蔬菜柠檬汁

### ♣ 原料
西红柿……………………………………… 1 个
西芹……………………………………… 100 克
甜椒……………………………………… 1 个
柠檬……………………………………… 1/3 个
水………………………………………… 100 毫升

### ● 做法
1. 将西红柿洗净，去蒂，切块；西芹洗净，切段；甜椒洗净，去蒂、去籽，切块；柠檬洗净后带皮切块。
2. 将西红柿、西芹、甜椒和柠檬按顺序放入榨汁机内，加水榨汁即可。

### ✖ 功效解读
西红柿具有减肥瘦身、消除疲劳、增进食欲的功效；西芹能平肝降压、镇静安神。二者与甜椒、柠檬搭配榨汁，能帮助消化、增强人的体力、缓解疲劳、提高免疫力。

🕐 制作时间：7分钟　　✖ 制作成本：6元

# 樱桃柠檬酸奶汁

## ♣ 原料

樱桃·························· 15 颗
柠檬····························半个
酸奶·····················200 毫升

## ◔ 做法

1. 将樱桃洗净，去核；将柠檬洗净，切块。
2. 将樱桃、柠檬放入榨汁机中，再加入酸奶一起榨汁即可。

## ✖ 功效解读

樱桃的含铁量特别高，维生素A含量也很高，常食可促进血红蛋白再生，既可防治缺铁性贫血，又可健脑益智、增强体质。此款蔬果汁营养丰富，且含热量低，既能有助减肥，又能防治缺铁性贫血。

🕐 制作时间：11分钟　　✖ 制作成本：5元

# 莲藕菠萝芒果汁

## ♣ 原料

莲藕····························30 克
菠萝····························50 克
芒果···························110 克
冰水·····················300 毫升
柠檬汁适量

## ◔ 做法

1. 将菠萝、莲藕去皮后洗净；芒果洗净后去皮去核；将三者均切块。
2. 将莲藕、菠萝和芒果放入榨汁机，再加入冰水一起搅打成汁。
3. 滤出果肉后加入柠檬汁调匀即可。

## ✖ 功效解读

莲藕富含铁、钙等微量元素和植物蛋白，能够补中益气、静心安神；菠萝和芒果含有多种维生素，具有调理肠胃、增强体质的功效。此款蔬果汁能补充多种营养素，提升抵抗力。

🕐 制作时间：6分钟　　✖ 制作成本：8元

# 莲藕苹果柠檬汁

**❀ 原料**

莲藕·····················150 克
苹果······················1 个
柠檬······················半个

**💧 做法**

1. 将莲藕洗干净，去皮，切成小块；苹果洗干净，去皮、去核，切成小块；柠檬洗净，切成小片。
2. 将莲藕、苹果和柠檬一起放入榨汁机中，榨成汁即可。

**✖ 功效解读**

莲藕含铁量较高，适合缺铁性贫血患者食用；苹果是低热量食物，含有多种人体必需的微量元素；二者与柠檬一起榨汁，口感鲜美、营养丰富、能增强免疫力，适合女性日常饮用。

🕐 制作时间：6分钟　　✖ 制作成本：5元

# 西芹菠萝蜜奶

**❀ 原料**

西芹·····················100 克
牛奶·····················200 毫升
菠萝·····················200 克
蜂蜜······················1 小匙

**💧 做法**

1. 将西芹洗净，摘下叶片，茎切段；将菠萝去皮、去心，洗净后切成小块。
2. 将西芹和菠萝放入榨汁机内，再加入牛奶搅打成汁。
3. 将蔬果汁倒入杯中，加入蜂蜜调匀即可。

**✖ 功效解读**

西芹具有增强免疫力、抗衰老的作用；牛奶能为人体补充优质蛋白和钙质；菠萝营养丰富，能够帮助消化、改善血液循环。此款蔬果汁口感柔滑，能增强人体免疫力。

🕐 制作时间：6分钟　　✖ 制作成本：8元

# 秋葵汁

### 🍀 原料

秋葵·······························3 根
牛奶························200 毫升
蜂蜜适量

### 🥄 做法

1. 把秋葵用热水焯熟，切成块状。
2. 把切好的秋葵和准备好的牛奶放入榨汁机中，榨成汁。
3. 将榨好的汁倒入杯中，加蜂蜜搅匀即可。

### ❌ 功效解读

秋葵可消除疲劳、迅速恢复体力，经常食用还能帮助消化、保护肝脏、健胃清肠。故此款蔬果汁能够改善人的精神状态，增强人体的抵抗力。

🕐 制作时间：8分钟    ✖ 制作成本：5元

🕐 制作时间：8分钟    ✖ 制作成本：8元

# 柠檬苹果薄荷汁

### 🍀 原料

柠檬·····························1/4 个
苹果······························· 1 个
薄荷······························· 8 克
柳橙······························50 克
冰块适量

### 🥄 做法

1. 将苹果洗净，去皮、去核，切块；薄荷洗净，切段；柠檬洗净，切片。
2. 将所有原料放入榨汁机中榨成汁。
3. 将蔬果汁倒入杯中，加冰块搅匀即可。

### ❌ 功效解读

薄荷具有医用和食用双重功能，能防腐杀菌、健胃助消化；柠檬和苹果均可以增强食欲、帮助消化。此款蔬果汁通便、助消化的效果很好。

# 油菜李子汁

⊕ 制作时间：5分钟　✖ 制作成本：4元

**♣ 原料**

油菜·······························50 克
李子·······························4 个
水、冰块各适量

**♠ 做法**

1. 将油菜洗净，切成段，备用。
2. 将李子洗净，对半剖开，去核，切小块。

3. 将油菜和李子一起放入榨汁机中，加水
　榨汁，滤渣后加入冰块搅匀即可。

**✖ 功效解读**

油菜富含膳食纤维，既能够促进肠道蠕
动，具有通便排毒的功效，还能与食物中
的胆固醇结合，减少人体对脂类的吸收；
李子营养丰富，含有十分丰富的天然抗氧
化剂。此款蔬果汁不但能够降低血脂，还
具有抗衰老、防疾病的功效。

**爱心贴士**

　　李子虽然营养丰富，功效显著，但对人体还是有一定的害
处，多食生痰，还会损坏牙齿；味道苦涩、入水不沉的李子不
宜食用，体质虚弱者不宜多吃。

# 荸荠山药酸奶汁

**❖ 原料**

酸奶·····················250 毫升
水·······················300 毫升
荸荠、山药、木瓜、菠萝、蜂蜜各适量

**◆ 做法**

1. 将荸荠、山药、菠萝洗净，均削去外皮，切小块备用；木瓜去籽，挖出果肉备用。
2. 将荸荠、山药、菠萝和木瓜放入榨汁机，加入水和酸奶一起榨汁。
3. 将榨好的蔬果汁滤渣，加入蜂蜜调匀即可。

**✖ 功效解读**

荸荠能够促进人体新陈代谢，具有一定抑菌功效；山药能够补中益气；木瓜和菠萝均富含维生素和膳食纤维，能够促进消化。此款蔬果汁营养丰富，能够预防流感、提神健脑。

⏱ 制作时间：9分钟　　✖ 制作成本：10元

⏱ 制作时间：7分钟　　✖ 制作成本：9元

# 葡萄柚黄瓜汁

**❖ 原料**

黄瓜································ 1 根
苹果······························半个
葡萄柚···························· 1 个
酸奶··························· 50 毫升
冰水适量

**◆ 做法**

1. 将葡萄柚去皮，切块；苹果洗净，去皮、去核，切块；黄瓜洗净，去皮，切块。
2. 将黄瓜、葡萄柚和苹果放入榨汁机，加入冰水一起搅打成汁。
3. 将打好的蔬果汁滤出果肉，倒入杯中，加入酸奶调匀即可。

**✖ 功效解读**

此款蔬果汁富含多种维生素和微量元素，能预防感冒、提高人体免疫力。

# 木瓜莴笋汁

**❖ 原料**

木瓜…………………………………………100 克
苹果…………………………………………1 个
莴笋…………………………………………50 克
水…………………………………………100 毫升
柠檬汁、蜂蜜各适量

**● 做法**

1. 木瓜洗净，去皮去籽，切小块；苹果洗净，去皮去核，切片；莴笋洗净，切小片。
2. 将木瓜、苹果和莴笋放入榨汁机内，加入水搅打成汁。
3. 将打好的蔬果汁倒入杯中，加柠檬汁和蜂蜜调匀即可。

**✖ 功效解读**

木瓜有很强的抗氧化能力，能帮助机体修复组织、清除有毒物质；莴笋含有多种营养物质，能够促进骨骼发育。此款蔬果汁能够提高人体的抗病能力，使身体强健。

⏱ 制作时间：7分钟　✖ 制作成本：10元

# 蜂蜜苋菜果汁

**❖ 原料**

苋菜…………………………………………50 克
苹果…………………………………………半个
水…………………………………………300 毫升
蜂蜜适量

**● 做法**

1. 将苋菜叶洗净；苹果洗净，去皮、去核，切块。
2. 用苋菜叶包裹苹果，放入榨汁机内，再加入水搅打成汁。
3. 将蔬果汁倒入杯中，加蜂蜜调匀即可。

**✖ 功效解读**

苋菜中富含易被人体吸收的钙质，能促进骨骼生长，并维持正常的心肌活动；所含的膳食纤维能够减肥轻身，促进排毒。故此款蔬果汁不仅能减肥瘦身，而且长期饮用还可以增强体质。

⏱ 制作时间：7分钟　✖ 制作成本：4元

# 胡萝卜红薯西芹汁

🍀 原料

| | |
|---|---|
| 胡萝卜 | 70 克 |
| 红薯 | 50 克 |
| 西芹 | 25 克 |
| 蜂蜜 | 1 小匙 |
| 冰水 | 200 毫升 |

🥄 做法

1. 将红薯洗净，去皮切块，煮熟备用；胡萝卜洗净，带皮切块；西芹洗净，切块。
2. 将红薯、胡萝卜和西芹放入榨汁机，加入冰水一起搅打成汁。
3. 将蔬果汁滤出果肉，加入蜂蜜调匀即可。

✂ 功效解读

胡萝卜能够补中益气；红薯含有独特的生物类黄酮成分和膳食纤维，能提高人体免疫力和润肠通便；西芹富含膳食纤维，能够降低血脂。三者榨汁后调入蜂蜜，口感顺滑，能提神健脑、提高免疫力。

🕐 制作时间：10分钟　　✂ 制作成本：6元

🕐 制作时间：5分钟　　✂ 制作成本：6元

# 菠菜黑芝麻牛奶汁

🍀 原料

| | |
|---|---|
| 菠菜 | 50 克 |
| 黑芝麻 | 10 克 |
| 牛奶 | 100 毫升 |
| 蜂蜜适量 | |

🥄 做法

1. 将菠菜洗净，去根；黑芝麻洗净。
2. 将菠菜和黑芝麻放入榨汁机中，再加入牛奶榨成汁。
3. 将蔬果汁倒入杯中，加蜂蜜搅匀即可。

✂ 功效解读

黑芝麻营养十分丰富，含有维生素E和卵磷脂等多种营养物质，具有延缓衰老、美容养颜的功效；与菠菜和牛奶一同榨汁，能提供充足的钙质和蛋白质，增强体质。

# 附录一：蔬果汁中的蔬菜图鉴

## 白菜

**通利肠胃、利尿通便、清热解毒**

主要成分：糖类、脂肪、蛋白质、粗纤维、钙、磷、铁、钼、胡萝卜素、维生素$B_1$等。

选购与贮存：挑选包心的白菜，以头到顶部包心紧、分量重的为好。白菜低温下可以储存很长时间，但注意不要受冻。

## 黄瓜

**止渴、解暑、利尿**

主要成分：糖类、苷类、氨基酸、维生素$B_2$、维生素C、钙、铁、磷等。

选购与贮存：挑选比较细长均匀的，表面的刺还有一点扎手，颜色看上去很新鲜的。保存时不要清洗，将黄瓜用纸包好，然后在纸外面用保鲜膜或者保鲜袋封严，放进冰箱保存。

## 胡萝卜

**补气健脾、助消化**

主要成分：糖类、脂肪、挥发油、胡萝卜素、维生素A、维生素$B_1$、维生素$B_2$、维生素C、花青素、钙、铁等。

选购与贮存：选购胡萝卜以个头小、茎较细、皮平滑而无污斑、口感甜脆、色呈橘黄且有光泽者为佳。胡萝卜应被冷藏，以防止营养成分的流失。

## 苦瓜

**降血糖、降血脂、清热解毒**

主要成分：水分、蛋白质、脂肪、膳食纤维、碳水化合物、胡萝卜素、苦瓜苷、维生素C、维生素E，及钾、钠、钙、镁、铁等矿物质。

选购与贮存：苦瓜身上一粒一粒的果瘤，是判断苦瓜好坏的特征。果瘤越大越饱满，表示瓜肉也越厚。苦瓜不耐保存，即使在冰箱中存放也不宜超过2天。

## 南瓜

补中益气、化痰排脓

主要成分：纤维素、蛋白质、胡萝卜素、维生素A、氨基酸、多种矿物质、碳水化合物、淀粉、维生素B₁、维生素B₂等。

选购与贮存：新鲜的南瓜外皮质地很硬，用指甲掐果皮不留指痕；表面比较粗糙，虽然不太好看，但口感可能会更好。南瓜在黄绿色蔬菜中属于非常容易保存的一种，完整的南瓜放入冰箱里一般可以存放2～3个月。

## 茭白

解热毒、除烦渴、利二便

主要成分：蛋白质、脂肪、糖类、维生素B₁、维生素B₂、维生素E、胡萝卜素及矿物质等。

选购与贮存：第一要看茭白的外壳是否新鲜；二闻茭白是否有异味，新鲜的茭白有一股清香；三是剥开外壳看茭白肉体是否白净，具备三点的就是好茭白。应将茭白外壳撒点水，用保鲜膜包起来，放在冰箱冷藏柜中，可以保存2～3天。

## 芹菜

清热利尿、祛风利湿、除烦消肿

主要成分：蛋白质、碳水化合物、胡萝卜素、B族维生素、钙、磷、铁、钠等。

选购与贮存：挑选的时候，要选择茎部纹理略微凹凸且断面狭窄的芹菜，这样的芹菜通常水分很足。在冰箱中竖直存放，存放前去掉叶子。

## 冬瓜

利水消肿、清热解毒

主要成分：蛋白质、糖类、胡萝卜素、多种维生素、粗纤维和钙、磷、铁等。

选购与贮存：挑选时用指甲掐一下，皮较硬、肉质较密、种子已成熟变成黄褐色的冬瓜口感好。宜将冬瓜储存在干燥的地方，不能放在阴暗潮湿的地方，否则容易霉变、生虫；冬瓜表面的白粉不要去除，那是一层保护物质。

## 西红柿

清热解毒、保护肝细胞、减肥降脂

主要成分：碳水化合物、蛋白质、维生素C、胡萝卜素、矿物质、有机酸等。

选购与贮存：挑选西红柿时，以颜色粉红、果形浑圆、表皮有白色小点点、感觉表层有淡淡的粉、捏起来较软者为佳。蒂的部位一定要圆润，最好带淡淡的青色；籽粒呈土黄色；肉质红色、沙瓤、多汁。不要买带尖、底很高或有棱角的，也不要挑选拿着感觉分量很轻的。日常可以放在冰箱内保存，但保存时间不宜过长。

## 芦笋

减肥、抗肿瘤、抗衰老、降血压、降血脂、降血糖

主要成分：蛋白质、脂肪、膳食纤维、碳水化合物、胡萝卜素、尼克酸、维生家C，以及钾、钠、钙、镁、铁等矿物质。

选购与贮存：芦笋以形状正直、笋尖花苞紧密、没有腐臭味、表皮鲜亮不萎缩、细嫩粗大、基部未老化、以手折之即断者为佳。芦笋组织容易纤维化，不易保存，所以要用纸包好，置于冰箱保存，可保存2~3天。

## 卷心菜

调脏腑、利关节、壮筋骨、清热止痛

主要成分：蛋白质、脂肪、碳水化合物、膳食纤维、维生素C、维生素$B_6$、叶酸，以及钾、钙、铁等矿物质。

选购与贮存：选购卷心菜的时候，以叶球坚硬紧实的为佳，松散的表示包心不紧，则不要购买；叶球坚实，但顶部隆起，则说明球内开始挑薹，也不要买。卷心菜富含大量维生素C，如果存放时间较长，维生素C会被大量破坏，所以最好现吃现买。

## 红薯

止渴、降压、解酒毒

主要成分：蛋白质、淀粉、纤维素、氨基酸及多种矿物质。

选购与贮存：红薯应挑选长条形的、皮红的。储存前先将红薯放在外面晒一天，然后保存在干燥的环境里，不要沾到水就行了。

## 菜花

清热解渴、利尿通便

主要成分：蛋白质、脂肪、碳水化合物、食物纤维、维生素A、B族维生素、维生素C，以及钙、磷、铁等矿物质。

选购与贮存：菜花以颜色亮丽、不枯黄、无黑斑，花球无虫咬、紧密结实、鲜脆，叶片嫩绿、湿润的为佳。将菜花在盐水里浸泡几分钟，以去除上面的虫害及残余的农药，再用保鲜袋包裹，最后放入冰箱内以零度左右速冻保存，可保存6~8周。

## 生姜

发散风寒、化痰止咳、温中止呕、解毒

主要成分：蛋白质、多种维生素、胡萝卜素、钙、铁、磷等。

选购与贮存：宜选择修整干净，不带泥土、毛根，不烂，无蔫萎、虫伤，无受热、受冻现象的生姜。可用报纸将其包好放在冰箱的冷藏室内，需注意冷藏室的温度不宜过低。

## 韭菜

补肾助阳、温中开胃

主要成分：蛋白质、脂肪、碳水化合物、纤维素、胡萝卜素、维生素$B_2$、烟酸以及钙、磷、铁等微量元素。

选购与贮存：选购韭菜以叶直、鲜嫩翠绿者为佳，这样的韭菜营养素含量较高。韭菜捆好后用大白菜叶包裹，放阴凉处，可保存1周左右。

## 生菜

镇痛催眠、清热利尿、降低胆固醇

主要成分：B族维生素、胡萝卜素、维生素C、维生素E、膳食纤维以及多种矿物质。

选购与贮存：选择菜叶颜色是青绿色的，而且要注意生菜的茎部，茎色带白的才是新鲜的。不宜长时间保存。

## 青甜椒

**增强体力、缓解疲劳、散寒除湿**

主要成分：维生素A、B族维生素、维生素C、糖类、纤维素，以及钙、磷、铁等矿物质。

选购与贮存：青甜椒以色泽鲜亮、个头饱满、显得水灵的为佳；同时还要用手掂一掂、捏一捏，分量沉的，而且不软的是新鲜的。保存时将青甜椒装进塑料袋放入冰箱，可存放1周。

## 莲藕

**消食止泻、开胃清热、滋补养性**

主要成分：蛋白质、脂肪、碳水化合物、粗纤维、胡萝卜素、硫胺素、尼克酸，以及钙、磷、铁等矿物质。

选购与贮存：莲藕以藕节粗短、外形饱满、无明显外伤、外皮颜色光滑且呈黄褐色、没有异味、切开后通气孔较大的为佳。将莲藕表面覆盖塑料薄膜，可保鲜1个月左右，此种方法的优点是贮藏量大、操作方便、并可防止干瘪。

## 土豆

**和中养胃、健脾利湿**

主要成分：维生素A、维生素C、各种矿物质、淀粉等。

选购与贮存：土豆一定要选皮干的，不要用水泡过的，不然保存时间短，口感也不好。如需长期存放，可以将土豆与苹果放在一起，苹果产生的乙烯会抑制土豆芽眼处的细胞生长素，土豆自然就不易发芽了。

## 黑木耳

**益气充饥、轻身强智、滋肾养胃**

主要成分：蛋白质、脂肪、钙、磷、铁及胡萝卜素、维生素 $B_1$、维生素 $B_2$ 等。

选购与贮存：朵大适度、耳瓣略展、朵面乌黑有光泽、朵背略呈灰白色的黑木耳为上品。黑木耳贮藏适温为0℃，相对湿度95%以上为宜。因它是胶质食用菌，质地柔软，易发黏成僵块，需适时通风换气，以免霉烂。

## 茼蒿

**安心气、养脾胃、消痰饮、利肠胃**

主要成分：蛋白质、脂肪、膳食纤维、碳水化合物、胡萝卜素、维生素A、维生素C，以及钙、铁等矿物质。

选购与贮存：茼蒿以叶片无黄色斑点、鲜翠亮丽，根部肥满挺直为佳品。茼蒿在贮存时，应先用纸包起来（这样既可保湿，又可避免过于潮湿而腐烂），然后将根部朝下直立摆放在冰箱冷藏室中。

## 白萝卜

**清热生津、凉血止血、顺气消食**

主要成分：葡萄糖、蔗糖、果糖、腺嘌呤、精氨酸、胆碱、淀粉酶、B族维生素、维生素C、钙、磷、锰、硼等。

选购与贮存：要选择根茎白皙细致、表皮光滑、整体有弹性、带有绿叶、掂起来分量比较重的。储存在冰箱里，需分开放。

## 牛蒡

**抗菌、降血糖、抗衰老、清除氧自由基**

主要成分：菊糖、纤维素、蛋白质、胡萝卜素、多种氨基酸，以及钙、磷、铁等矿物质，

选购与贮存：牛蒡以表面光滑、形态顺直、没有杈根、没有虫痕的为佳。牛蒡要存放在阴凉处，温度以0～10℃为宜；为防止牛蒡干枯，要采取防脱水措施；牛蒡在冰箱内的冷藏时间不要超过一个半月。

## 西蓝花

**清理血管、阻止胆固醇氧化、防止血小板凝结**

主要成分：蛋白质、碳水化合物、脂肪、胡萝卜素、维生素C，以及钙、磷、铁、钾、锌、锰等矿物质。

选购与贮存：西蓝花以颜色浓绿鲜亮，手感较沉重，花球表面无凹凸、整体有隆起感、花蕾紧密结实，叶片嫩绿、湿润的为佳。用纸或透气膜包住西蓝花，然后再将其直立放入冰箱的冷藏室内，大约可保鲜1周左右。

## 油菜

通肠胃、除烦躁、解热、消食

主要成分：蛋白质、脂肪、碳水化合物、粗纤维、钙、磷、铁、胡萝卜素等。

选购与贮存：购买时要挑选新鲜、油亮、无虫、无黄叶的嫩青菜，用两指轻轻一掐即断者。不宜长期保存，放在冰箱中可保存24小时左右。

## 菠菜

清热通便、理气补血、防病抗衰

主要成分：锌、铁、叶酸、氨基酸、叶黄素、β-胡萝卜素、类胡萝卜素等。

选购与贮存：挑选菠菜以菜梗红、短，叶子新鲜有弹性的为佳。储存时用潮湿的报纸包好后放入保鲜袋，再竖直放入冰箱内。

## 洋葱

健胃宽中、理气消食

主要成分：糖类、蛋白质、无机盐、多种维生素、二烯丙基二硫化物及蒜氨酸等。

选购与贮存：要选择葱头肥大，外皮有光泽、无腐烂、无外伤、无泥土的产品；新鲜葱头不带叶。平时应选择通风处存放，并保持干燥。

## 苋菜

清热解毒、利尿除湿、通利大便

主要成分：蛋白质、脂肪、碳水化合物、粗纤维、胡萝卜素、多种维生素，以及钙、磷、铁等矿物质。

选购与贮存：挑选苋菜的时候，应选择叶片新鲜、无斑点、无花叶的；选购的时候可以手握苋菜，手感软的较嫩，手感硬的较老。将苋菜放入塑料袋，扎好袋口，放入冰箱冷藏室保存即可。

## 芦荟

杀菌抗炎、强心活血、解毒、抗衰老

**主要成分：** 木质素、芦荟酸、皂素、维生素A、B族维生素、维生素C、多种氨基酸，以及钙、镁、铜等矿物质。

**选购与贮存：** 芦荟以叶肉厚实、感到有硬度，刺坚挺、锋利，茎粗壮、茎皮不干枯，根部结实、坚挺的为佳品。鲜芦荟可以用保鲜膜包起来，然后放冰箱冷藏室中保存。

## 大蒜

杀菌、防治肿瘤、防治心脑血管疾病

**主要成分：** 蛋白质、脂肪、碳水化合物、大蒜素，以及磷、铁、硒等矿物质。

**选购与贮存：** 大蒜以蒜头大、包衣紧、蒜瓣大且均匀、味道浓厚、汁液黏稠的为佳。在常温下，可将大蒜放在网兜里悬挂于通风处；也可将大蒜放于冰箱冷藏室中保存。

## 莴苣

帮助消化、利尿、缓解便秘、镇静安神

**主要成分：** 蛋白质、脂肪、膳食纤维、碳水化合物、胡萝卜素、维生素C 、维生素E，以及钾、钠、钙等矿物质。

**选购与贮存：** 莴笋以茎叶鲜亮油绿、不枯焦、不抽苔、叶无斑点、不腐烂的为佳。新鲜莴苣可在阴凉通风处存放2~3日，冰箱冷藏室中则可保鲜1周。切记，不要将莴苣与苹果、梨和香蕉放在一起，否则会诱发褐色斑点。

## 山药

补脾养胃、生津益肺、补肾涩精

**主要成分：** 18种氨基酸、矿物质、蛋白质、葡萄糖、B族维生素、维生素C、维生素E等。

**选购与贮存：** 山药一般要选择茎干笔直、粗壮，拿到手中有一定分量的；如果是切好的山药，则要选择切开处呈白色的；新鲜的山药一般表皮比较光滑，颜色呈自然的皮肤颜色。如果需长时间保存，应该把山药放入木锯屑中包埋；短时间保存，则只需用纸包好放入低温阴暗处即可。

# 附录二：蔬果汁中的水果图鉴

## 苹果

润肺健胃、生津止渴、止泻、下气消食

主要成分：碳水化合物、糖类、有机酸、果胶、纤维素、维生素A、B族维生素等。

选购与贮存：选择果柄有同心圆，身上有条纹且比较多，色红艳的。可用家庭中常见的容器储存，纸箱、木箱均可。

## 柠檬

化痰止咳、消食、生津、利尿

主要成分：维生素C、糖类、钙、磷、铁、维生素$B_1$、维生素$B_2$、柠檬酸、苹果酸等。

选购与贮存：好的柠檬，个头中等、果形椭圆、两端均突起而稍尖、似橄榄球状；成熟者皮色鲜黄，具有浓郁的香气。完整的柠檬在常温条件下一般可以保存1个月左右；切开的柠檬只要用保鲜膜包好放入冰箱即可。

## 桃

补中益气、养阴生津、润肠通便

主要成分：蛋白质、脂肪、碳水化合物、粗纤维、有机酸、糖分、挥发油、维生素$B_1$、胡萝卜素，以及钙、磷、铁等矿物质。

选购与贮存：选购桃子，首先看外形，以果个大、形状端正、色泽鲜艳者为佳；其次看果肉，以果肉白净、粗纤维少、肉质柔软并与果核粘连、皮薄易剥离者为优。将桃子放在冰箱中，会使其香味不断挥发，所以，正确的做法是把桃子存放在室温中即可。

## 香瓜

清热解暑、除烦止渴、利尿

主要成分：热量、膳食纤维、蛋白质、脂肪、碳水化合物。

选购与贮存：香瓜以颜色深、表皮没有伤、纹路均匀整体、香味浓郁、触感硬度、水分足的为佳。保存完整的香瓜时，应将其放在阴凉、干燥的地面上，而不能放在塑料袋里；如果是切开的，那么就要用保鲜膜覆盖住切口，再放入冰箱。

## 草莓

润肺生津、健脾和胃、利尿消肿、解热祛暑

主要成分：氨基酸、果糖、蔗糖、葡萄糖、柠檬酸、苹果酸等。

选购与贮存：不要买畸形草莓，因为畸形草莓可能是在种植过程中滥用激素造成的，长期大量食用这样的草莓，有可能损害人体健康。草莓最佳的保存环境是接近0℃但不结霜的冰箱内。

## 番石榴

健脾消积、涩肠止泻、降血糖

主要成分：蛋白质、胡萝卜素、脂肪、果糖、蔗糖、氨基酸、维生素A、B族维生素、维生素C，以及钙、磷、铁、钾等矿物质。

选购与贮存：番石榴以表面粗糙、无刮痕、颜色一致，肉质细腻爽口、汁多而甜，表皮清脆香甜的为佳。应该将番石榴放在干净、干燥、阴凉而避免阳光直射的地方保存；或者将番石榴放进保鲜袋中，再放入冰箱保存。

## 猕猴桃

调中理气、生津润燥、解热除烦

主要成分：丰富的维生素C、维生素A、维生素E以及钙、钾、镁、纤维素、胡萝卜素、黄体素、氨基酸、天然肌醇等。

选购与贮存：选猕猴桃一定要选头尖尖的，而不要选择头扁扁的像鸭子嘴巴的那种。猕猴桃不可放置在通风处，这样水分会流失，从而越来越硬，影响口感。正确的贮藏方法是放于箱子中。

## 梨

清热生津、止咳化痰

主要成分：蛋白质、脂肪、糖类、粗纤维、钙、磷、铁、胡萝卜素、维生素B$_1$、维生素B$_2$、维生素C等。

选购与贮存：应挑选大小适中、果皮薄细、光泽鲜艳、果肉脆嫩、无虫眼及损伤者。将鲜梨用2～3层软纸一个一个分别包好，将单个包好的梨装入纸盒，再放进冰箱内的蔬菜箱中。1周后取出来去掉包装纸，装入塑料袋中，不扎口，再放入冰箱0℃保鲜室，一般可存放2个月。

## 葡萄

补血、健胃生津、益气利尿

主要成分：葡萄糖、钙、钾、磷、铁、氨基酸。

选购与贮存：新鲜的葡萄表面有一层白色的霜，用手一碰就会掉，所以没有白霜的葡萄可能是被挑挑拣拣剩下的。贮藏时将葡萄放入保鲜袋中，存放在冰箱内即可。

## 鳄梨

加速脂肪分解、降低胆固醇和血脂

主要成分：维生素$B_6$、丰富的脂肪酸、膳食纤维和蛋白质、碳水化合物、钠、钾、镁、钙等。

选购与贮存：用手掌按捏鳄梨的表面，感觉有弹性、果肉结实，则证明已经成熟了。在室温下放熟以后的鳄梨在冰箱的蔬菜盒里可再保存1周左右。鳄梨果肉暴露在空气中容易变黑，如果一次只吃半个，可将有核的那半个保留，不要去核，洒上柠檬汁，再用保鲜膜包好，放入冰箱即可。

## 菠萝

解暑止渴、消食止泻

主要成分：果糖、葡萄糖、磷、B族维生素、维生素C、柠檬酸和蛋白酶等。

选购与贮存：挑选菠萝时要注意色、香、味三方面。果实青绿、坚硬、没有香气的菠萝不够成熟；色泽已经由黄转褐、果身变软、溢出浓香的便为成熟的果实；捏一捏果实，如果有汁液溢出就说明已经变质，不可以再食用了。已切开的菠萝可用保鲜膜包好，放在冰箱里，但存放最好不要超过2天。

## 葡萄柚

滋养组织细胞、增加体力、改善水肿

主要成分：叶酸、钾、维生素P、维生素C以及膳食纤维等。

选购与贮存：选择果实坚实、紧致的，这样的葡萄柚成熟得最好，同时也最新鲜。如果葡萄柚的表面已经轻微变色，或表皮有所刮伤，都不会影响其食用价值和口感。将葡萄柚拿在手中，感觉很沉且厚实的，就代表其果汁含量丰富。

## 椰子

**果肉可补虚强壮，椰汁能滋补、清暑解渴**

主要成分：蛋白质、脂肪、B族维生素、维生素C、氨基酸和复合多糖物质等。

选购与贮存：在选择椰子时，要选择有完整外壳的，有保护椰子的作用；另外，要注意不要挑外表看起来非常白的椰子，有可能是经过化学药剂漂白泡过的，对人体有害。一般去外壳的椰子就不能放太久，椰子存放得越久其汁就越少。

## 木瓜

**消暑解渴、润肺止咳**

主要成分：番木瓜碱、木瓜蛋白酶、木瓜凝乳酶、番茄烃、B族维生素、维生素C、维生素E、糖类、脂肪、胡萝卜素、隐黄素、蝴蝶梅黄素、隐黄素环氨化物等。

选购与贮存：选购木瓜时，皮要光滑、颜色要亮、不能有色斑。木瓜的存放比较简单，放在一般的阴凉处即可。

## 香蕉

**清热润肠、促进肠胃蠕动**

主要成分：碳水化合物、蛋白质、脂肪及多种微量元素和维生素等。

选购与贮存：应选择果实丰满、肥壮，果形端正、体曲，整体排列成梳状，梳柄完整，无缺枝和脱落现象的香蕉。香蕉不能放在冰箱里，若把香蕉放在12℃以下的地方贮存，会使香蕉发黑、腐烂。

## 芒果

**理气止咳、健脾益胃、止呕止晕**

主要成分：糖类、蛋白质、粗纤维、维生素A、维生素C等。

选购与贮存：选皮质细腻且颜色深的，这样的芒果新鲜熟透；不要挑有点发绿的，那是没有完全成熟的表现。最好放在避光、阴凉的地方贮藏，如果一定要放入冰箱，应置于温度较高的蔬果箱中，保存的时间最好不要超过2天。

## 柳橙

**生津止渴、和胃健脾、去油腻、清肠道**

主要成分：蛋白质、脂肪、膳食纤维、碳水化合物、胡萝卜素、B族维生素、维生素C等。

选购与贮存：选购柳橙以中等大小、香浓而皮薄的为佳；握在手里感觉沉重的、颜色佳、有光泽、脐窝不是太大、气味芳香浓郁的可以放心购买。将柳橙用保鲜袋装起来，不接触空气就可以存放久一点，但一定不能放冰箱里保鲜。

## 橘子

**美容、降血压、降低胆固醇**

主要成分：蛋白质、膳食纤维、胡萝卜素、橘皮苷、柠檬酸、维生素C、维生素E，以及钾、钠、钙、镁等矿物质。

选购与贮存：橘子以色泽鲜艳、外形匀称、外皮完整，摸上去手感细腻，闻上去有一种淡淡的芳香气味的为佳。可以将橘子放入纸箱内保存，并在纸箱的底部铺上一层松枝，这样可使橘子的表皮光洁，不出现干皱的现象。

## 火龙果

**防止血管硬化、降低胆固醇**

主要成分：膳食纤维、胡萝卜素、B族维生素、维生素C等，果核内（黑色芝麻状种子）更含有丰富的钙、磷、铁等矿物质及各种酶、白蛋白、花青素等。

选购与贮存：果肉为白色的口感好。最好在避光、阴凉的地方贮藏；如果一定要放入冰箱，应置于温度较高的冷藏室中，保存的时间最好不要超过2天。

## 柿子

**清热生津、涩肠止痢、健脾益胃**

主要成分：蔗糖、葡萄糖、果糖、蛋白质、胡萝卜素、维生素C、瓜氨酸，以及碘、钙、磷、铁、锌等矿物质。

选购与贮存：柿子以外形较大、体型规则、有点方正，表皮颜色鲜艳、无斑点、无伤疤、无裂痕的柿子为佳；此外，可用手轻轻触摸柿子表面，若其软硬度分布均匀，没有出现局部较硬的情况则为好柿子。应将柿子轻轻装入篓、筐等容器内，放于阴凉通风处保存。

## 樱桃

**发汗、益气、祛风、透疹**

主要成分：糖类、蛋白质、维生素及钙、铁、磷、钾等多种矿物质。

选购与贮存：樱桃外观颜色如果是深红或者偏暗红色的，通常比较甜。暗红色的最甜，鲜红色的则略微有点酸。新鲜的樱桃可保存3~7天；樱桃非常怕热，应把樱桃放置在冰箱的冷藏室内。

## 哈密瓜

**利便、益气、清肺热、止咳**

主要成分：糖类、膳食纤维、苹果酸、果胶、多种维生素以及钙、磷、铁等矿物质。

选购与贮存：绿皮和麻皮的哈密瓜成熟时，头部顶端会变成白色；黄皮的哈密瓜成熟时，顶部会变成鲜黄色。不同品种的哈密瓜，根据顶端颜色就可以断定成熟的程度。哈密瓜应轻拿轻放，不要碰伤瓜皮，否则很容易变质腐烂，无法储藏。

## 西瓜

**清热解暑、除烦止渴、清肺胃、利便**

主要成分：瓜氨酸、丙氨酸、谷氨酸、精氨酸、苹果酸、磷酸、果糖、葡萄糖、维生素C，以及钙、铁、磷等矿物质。

选购与贮存：花皮瓜类，要纹路清楚、深淡分明；黑皮瓜类，要皮色乌黑、带有光泽。无论何种西瓜，瓜蒂、瓜脐部位向里凹入，藤柄向下贴近瓜皮，近蒂部颜色青绿，这些都是西瓜成熟的标志。将整个西瓜用保鲜膜包裹好放入冰箱中，可减少水分蒸发和营养流失。

## 山楂

**消积化滞、增强免疫力、抗衰老、软化血管、降血脂**

主要成分：糖类、蛋白质、脂肪、维生素C、胡萝卜素、淀粉、苹果酸、柠檬酸、山楂酸、熊果酸，以及钙、铁等矿物质。

选购与贮存：山楂外形扁圆的偏酸，近似正圆则偏甜；表皮上果点密而粗糙的酸，小而光滑的甜；果肉呈白色、黄色或红色的甜，绿色的酸；果肉质地软而面的甜，硬而质密的偏酸。将山楂洗干净，用保鲜袋密封，最好能把里面的空气全都排空，然后放到冰箱的冷藏室里保存。

## 李子

促进消化、利尿消肿、养颜美容、润滑肌肤

主要成分：糖分、胡萝卜素、烟酸、谷酰胺、甘氨酸、维生素$B_1$、维生素$B_2$、维生素C，以及多种矿物质。

选购与贮存：在选购李子时，以略有弹性、脆甜适度，形状饱满、外观新鲜、颜色一致，果皮有蜡粉的为佳品。可将李子洗净，然后直接放入冰箱的冷藏室中保存即可。

## 枇杷

止咳化痰、生津润肺

主要成分：糖类、蛋白质、脂肪、膳食纤维、果胶、胡萝卜素、苹果酸、柠檬酸、多种矿物质、多种维生素等。

选购与贮存：枇杷以个头大而匀称、呈倒卵形、果皮橙黄、茸毛完整、多汁、皮薄肉厚、无青果者为佳。枇杷不宜放入冰箱，否则容易冻伤果实，存放在干燥通风的地方即可。注意，尚未成熟的枇杷切勿食用。

## 杨梅

止渴、生津、助消化

主要成分：蛋白质、膳食纤维、硫胺素、核黄素、烟酸、胡萝卜素、维生素A、维生素C、维生素E，以及钙、镁、铁等矿物质。

选购与贮存：杨梅以果面干燥、颜色鲜红、软硬度适中为佳品。在购买杨梅时，如果可以品尝，那么汁多且鲜嫩甘甜，吃完嘴里没有余渣的就是新鲜的杨梅。将杨梅放入冰箱的冷藏室中保存即可，但要注意冰箱里的温度不要调得过低。

## 油桃

补益气血、养阴生津

主要成分：糖分、有机酸、果胶、蛋白质、胡萝卜素、维生素C，以及17种人体所需的氨基酸和多种矿物质。

选购与贮存：在选购油桃时，应尽量挑选颜色鲜红色的，而且果形是比较规则的圆形或者椭圆形的，这样的就是好油桃。而且，手感较硬的油桃比较脆甜。家庭贮存油桃时，应将油桃洗净、晾干、装入塑料袋，再放入冰箱冷藏室中保存，温度控制在0℃左右。

## 无花果

**滋阴、润肠、健胃、利咽**

主要成分：蛋白质、糖类、脂肪、氨基酸、维生素A、B族维生素、维生素C、维生素D、胡萝卜素，以及铁、钙、磷等矿物质。

选购与贮存：选购无花果时，以果实呈扁圆形或卵形、顶端开裂、肉质软烂、味甘甜如香蕉者为佳。无花果最好是现买现吃。

## 圣女果

**生津止渴、健胃消食、清热解毒**

主要成分：碳水化合物、纤维素、蛋白质、脂肪、谷胱甘肽、番茄红素、维生素B$_3$等。

选购与贮存：圣女果以色泽饱满、硬度高、水分足、果皮光溜没有斑点的为佳。可将圣女果洗净、弄干，装入保鲜袋中，然后再放入冰箱的冷藏室中保存即可。

## 荔枝

**理气补血、温中止痛、消肿解毒、补心安神**

主要成分：膳食纤维、蛋白质、脂肪、碳水化合物、维生素C、胡萝卜素，以及钠、铁、锌等矿物质。

选购与贮存：新鲜荔枝应该色泽鲜艳、个头匀称、皮薄肉厚、质嫩多汁、味甜且富有香气。挑选时可以先用手轻捏，好荔枝的手感应该是富有弹性的。常用的保存方法是挑选易于保存的品种，在低温高湿（温度2~4℃，湿度90%~95%）的环境下保存。

## 杏

**生津止渴、润肺化痰**

主要成分：糖类、蛋白质、维生素A、B族维生素、维生素C，以及钙、磷等矿物质。

选购与贮存：杏以个大、皮色黄泛红、味甜汁多、纤维少、核小、有香味、无病虫害者为佳。过生的果实酸味浓，甜味不足；过熟的果实肉质酥软，缺乏水分。贮存时，可找些椿树的叶子铺到纸箱里，再把杏放进去，上面再盖些，这样杏就会熟得快些还不变质。另外，杏的皮很薄，要轻拿轻放。

# 附录三：蔬果汁中的其他材料图鉴

## 黑芝麻

**强身健体、补肝益肾、润肠道**

主要成分：脂肪、蛋白质、糖类、维生素A、维生素E、卵磷脂，以及钙、铁、铬等矿物质。

选购与贮存：选购时，先看里面是否掺有杂质、沙粒；然后，将一小把黑芝麻放在手心里，搓一下，看是否会掉色，闻闻是否新鲜。家庭贮藏时要密封，并放在干燥、通风处。

## 牛奶

**补虚损、益肺胃、生津润肠**

主要成分：水、脂肪、蛋白质、乳糖、无机盐，以及钙、磷、铁、锌等矿物质。

选购与贮存：选择市售的商品，注意看生产日期即可。鲜牛奶应该立刻放置在阴凉的地方，最好是放在冰箱里。不要让牛奶曝晒或被灯光照射，且不宜冷冻，放入冰箱冷藏室即可。

## 蜂蜜

**润肺止咳、润燥通便、解毒、护肝**

主要成分：葡萄糖、果糖、多种有机酸、蛋白质、多种无机盐、维生素$B_1$、维生素C、维生素D、维生素E、氧化酶、还原酶、过氧化酶、淀粉酶、酯酶、转化酶等。

选购与贮存：蜂蜜以含水分少、有油性、稠和凝脂、味甜而纯正、无异臭及杂质者为佳。将蜂蜜放铁桶或罐内盖紧，置于阴凉干燥处，宜在30℃以下保存，防尘、防高温。

## 薏米

**健脾、利尿、清热、镇咳**

主要成分：碳水化合物、蛋白质、脂肪、亚麻油酸等。

选购与贮存：选购薏米时，应选择质硬有光泽、颗粒饱满、呈白色或黄白色、味甘淡或微甜的为宜。在贮存薏米时，建议选择密封的罐具盛放，然后将其放于阴凉避光处。

## 薄荷

清新怡神、疏风散热、帮助消化

主要成分：蛋白质、纤维素、热量、薄荷脑、薄荷酮、樟烯、柠檬烯等。

选购与贮存：选购新鲜的薄荷时，应以枝叶繁茂、叶子绿色的为宜。新鲜的薄荷宜包入塑料袋中，放入冰箱冷藏；或放入制冰盒，作成冰块保存。干燥的薄荷可放入密封罐或保鲜盒中，放在干燥、阴凉、通风处保存。

## 枸杞子

补精气、滋肝肾、坚筋骨、明目

主要成分：甜菜碱、胡萝卜素、尼克酸、亚油酸、氨基酸、维生素$B_1$、维生素$B_2$、维生素C，以及钙、磷、铁等矿物质。

选购与贮存：选购时，不要挑选颜色过于鲜红的枸杞子，这种枸杞子很有可能是商家为了长期贮存而用硫黄熏过的，误食之后会对健康有危害。挑选枸杞子时，要以颗粒大、外观饱满、颜色呈红色的为佳。

## 酸奶

生津止渴、补虚开胃、润肠通便、降血脂

主要成分：钙、铁、磷等矿物质，B族维生素等。

选购与贮存：选择市售的品种时，要注意看生产日期。酸奶中的活性乳酸菌在0～7℃的环境中会停止生长，但随着环境温度的升高，乳酸菌会快速繁殖、快速死亡，这时的酸奶就成了无活菌的酸性乳品，其营养价值也会大大降低。酸奶最好在开启后2个小时内饮用。

## 豆浆

补虚、清热、通淋、利大便、降血压

主要成分：植物蛋白，以及钙、磷、铁、锌等矿物质。

选购与贮存：在选购豆浆时，应从色泽、组织状态、气味、味道等几方面进行鉴别。优质豆浆呈均匀的乳白色或淡黄色，有光泽；浆体质地细腻，无结块；有豆香气，无其他异味；口感纯正滑爽。应在室温下等待豆浆自然冷却，然后再把豆浆放进冰箱冷藏室中保存。